石油天然气工程入门手册

Oil and Gas Engineering for Non-Engineers

［美］奎因塔·恩瓦诺西克·沃伦　著
（Quinta Nwanosike Warren）

吕昕倩　韩睿婧　李思源　张晓阳　丁　飞　等译

U0252989

石油工业出版社

内 容 提 要

本书采用通俗易懂的语言，详细阐述了石油和天然气行业上游的勘探与生产流程。通过非技术性术语、简单解释和插图说明了本领域的运作方式，介绍了在地下探测石油、确定井位、进行钻井及在开采过程中监测油井的具体方法，描述了将成品油交付至客户前分离石油和天然气中杂质的原理及方法。

本书旨在为非石油天然气专业人员提供参考，具备本专业知识的读者也可通过本书加深对相关内容的理解。

图书在版编目（CIP）数据

石油天然气工程入门手册/（美）奎因塔·恩瓦诺西克·沃伦（Quinta Nwanosike Warren）著；吕昕倩等译．
北京：石油工业出版社，2024.11. -- ISBN 978-7-5183-7040-5

Ⅰ.TE-62

中国国家版本馆 CIP 数据核字第 20245LY191 号

Oil and Gas Engineering for Non-Engineers
Quinta Nwanosike Warren
ISBN: 9780367607722
© 2023 Taylor & Francis Group, LLC
CRC Press is an imprint of Taylor & Francis Group, LLC
Authorized translation from English language edition published by CRC Press, a member of Taylor & Francis Group.
All Rights Reserved.
Petroleum Industry Press is authorized to publish and distribute exclusively the Chinese (Simplified Characters) language edition. This edition is authorized for sale throughout Mainland of China. No part of the publication may be reproduced or distributed by any means, or stored in a database or retrieval system, without the prior written permission of the publisher.
本书经 Taylor & Francis Group, LLC 授权石油工业出版社独家翻译出版并仅在中国大陆地区销售，简体中文版权归石油工业出版社所有，未经出版者书面许可，不得以任何方式复制或发行本书的任何部分。
Copies of this book sold without a Taylor & Francis sticker on the cover are unauthorized and illegal. 本书封面贴有 Taylor & Francis 公司防伪标签，无标签者不得销售。
北京市版权局著作权合同登记号：01-2024-5307

出版发行：石油工业出版社

（北京安定门外安华里 2 区 1 号　100011）

网　址：www.petropub.com

编辑部：（010）64523553

图书营销中心：（010）64523633

经　销：全国新华书店

印　刷：北京中石油彩色印刷有限责任公司

2024 年 11 月第 1 版　2024 年 11 月第 1 次印刷
889×1194 毫米　开本：1/32　印张：3.5
字数：55 千字

定价：80.00 元

（如出现印装质量问题，我社图书营销中心负责调换）

《石油天然气工程入门手册》

翻　译　组

组　长：尹月辉
副组长：王拥军
成　员：吕昕倩　韩睿婧　李思源　张晓阳　丁　飞

前言

    本书旨在简明扼要地阐述石油与天然气开发的工程流程，揭示其如何被发现并最终转化为汽车油箱中的燃料和烧烤炉中的能源。内容深入浅出，即使非石油工程师也能轻松理解，书中专业术语均配有详尽解释。

    油气开发涵盖多门学科，本书虽聚焦于石油与天然气的地下开发，但其核心学科为地质学。书中特设一章，详述地质学基础及其与油气行业的关联，并阐明储层、钻井及完井工程师等所需掌握的地质学知识。

    本书聚焦于石油与天然气开发的上游环节，同时简述了原油储运及炼化过程，构建了全面的石油与天然气行业框架。

目录

01 引言

1.1　什么是石油?

　　石油是当今世界不可分割的一部分。从衣物、手机到化妆品和药品,其影响无处不在。无论是陆地、空中还是海洋运输,石油都扮演着关键角色。它不仅是全球能源的核心,更是国际贸易中不可或缺的商品。

　　天然气最初常被视为石油开发的副产品,其成分多样,主要成分为甲烷和丙烷。通常可以出售伴生气以辅助石油开发;而在其他情况下,天然气可以被直接排放至大气,或以可控的方式燃烧,甚至可被回注到储层之中。随着专家逐渐认识到排放到大气中的甲烷会导致全球变暖加剧,以及直接燃烧排放的不可持续性,这些做法正受到质疑。在尼日利亚等国家,直接燃烧排放已被禁止,这无疑促进了天然气再利用项目的发展。天然气也可独立于石油开采,此时不称其为伴生气。

　　石油和天然气广泛应用于材料制造、能源供应、电力生产及石油化工等领域。在材料制造领域,它们是塑料、聚酯、尼龙及人造纤维等合成织物的主要原料。在石油化工领域，化肥、药品、油漆和化妆品等石化产品均依赖于这些资源。燃料，汽油、柴油及喷气燃料等则是汽车、飞机和船舶等运输工具的必需品。在发电环节，天然气和重质原油燃烧产生的蒸气，驱动了整个发电过程。石油和天然气的应用如图 1.1 所示。

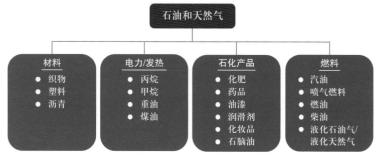

图 1.1　石油和天然气产品

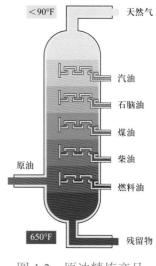

图 1.2　原油精炼产品

通过加热原油可以提炼出多种产品。不同温度下，可从原油混合物中分离出不同的燃油。典型炼化产品有燃油、石脑油及残留物。燃油涵盖丙烷、丁烷、汽油、航空煤油、煤油、柴油与燃料油。石脑油在石化业中作为化学品前体。残留物则包括沥青及用于润滑剂、蜡类、抛光剂的润滑油。图 1.2 展示了原油精炼产品。

1.2　石油的形成机理

　　石油，亦称原油，是一种液态混合物，是由植物和海洋生物的遗骸（如藻类和浮游生物）在地下形成的碳氢化合物。它主要由碳和氢组成，属于烃类混合物。原油色泽因成分差异而多变，从浅黄至深黑皆有，其中较重的碳氢化合物会导致颜色更深。

　　生物遗骸在埋藏状态下，会因埋藏深度不同而承受不同的温度和压力。遗骸埋藏越深，温度和压力越高。遗骸在这种环境下暴露时间越长，越可能转化为天然气而非原油。烃类物质在烃源岩中形成后，会迁移至较浅的储层岩石中。多数原油从储层开采，但在特定条件下，页岩油和页岩气可直接从烃源岩中提取。

　　如图 1.3 所示，油气井钻入储层形成通道，用于开采石油和天然气。在储层中，气体因密度小而位于顶部，石油居中，底部则为密度最大的水。储层深度介于 3500～12000ft（英尺）❶。

1.3　石油分类

　　石油可根据物理特性或储层类型进行分类，通常使用密度作为分类依据。API 值作为衡量烃类相对水

---

❶ 1ft=0.3048m。

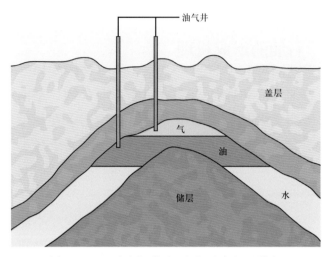

图 1.3　地下油气藏中开采石油和天然气

密度的指标，以度为单位。API 值越低，石油密度越大，特重质原油密度最高。10°API 的石油密度等同于水，低于 10°API 的石油沉入水中，而高于 10°API 的则会浮于水面。石油黏度随温度上升而减小[❶]。API 值与密度的关系可通过以下公式表达。

$$API = \frac{141.5}{SG} - 131.5 \qquad （1.1）$$

$$SG = \frac{\rho_{liquid}}{\rho_{water}} \qquad （1.2）$$

式中，ρ_{liquid} 为石油的密度，单位为千克每立方米

---

❶ 译者注：此处原文"石油黏度随温度上升而增加"和常识不符，原油黏度随温度上升而减小，因此在正文中予以修改。

（kg/m³）；ρ_{water}为水的密度（999kg/m³）；API 值用 °API
表示。

不同国家和来源的石油 API 值与密度各异，具体
范围见表 1.1。例如，沥青、沥青砂或油砂属于特重质
原油；而页岩油则为轻质原油，因其易精炼而备受市
场青睐，价格也相对较高。

表 1.1　石油类型及其相应的 API 值和密度（储层条件下）

石油类型	°API	密度，kg/m³
特重质原油	<10	>999
重质原油	10~20	933~1000
常规原油	20~40	824~933
轻质原油	>40	<824

石油分类的另一种方式是根据硫含量。硫含量低于
1% 的石油被定义为低硫原油，而超过 1% 的则称为高
硫原油或酸性原油。低硫原油价值更高，而硫作为一种
不利成分，必须从酸性原油中去除。西得克萨斯中质原
油（WTI），源自得克萨斯州内陆的轻质低硫原油，是
北美原油定价的基准。布伦特原油，产自英国与挪威间
的北海，同样为轻质低硫原油，是全球三分之二原油
交易的定价基准。尽管布伦特原油的密度和硫含量均
低于 WTI，但由于其全球交易量最大，因此更常被用
作基准定价。北美天然气基准位于亨利枢纽，得名于
路易斯安那州的一个管道交换点，负责从墨西哥湾沿

岸输送天然气。英国的国家平衡点（NBP）和荷兰的所有权转让设施（TTF）也是其他重要的天然气基准。

石油还可以根据常规和非常规储层来进行分类。非常规储层指使用非传统开采方法进行开发的油气，包括页岩油、页岩气、致密气、重质油和深水储层。致密气藏因其低孔隙度和低渗透率，需采用压裂技术开采。孔隙度是衡量岩石容纳流体能力的指标，其数值越高，岩石储油能力越强。页岩油（气）虽存在于低渗透岩石中，但不同于传统储层，它们直接储存于烃源岩内。

重油在室温下呈固态，因其在正常条件下不具备流动性，重油的开采方法与常规油有所不同。须向储层注入蒸汽以降低其黏度，从而使其流动。对于较浅的储层（约500ft深），可以采用露天开采法。而对于深海石油，则需要使用能够抵御巨浪和沙质海床的专用钻井平台。总体而言，与常规储层相比，非常规储层的开采成本通常较高。

1.4 石油价值链

1.4.1 石油利用史

自古以来，人类就懂得如何利用石油。据记录，早在4000年前，古巴比伦就已经利用沥青进行墙壁施工。公元 347 年，中国开凿了有史以来最早的油井，深度约 800ft。9 世纪时，波斯科学家开始了原油的炼化工作。

在世界其他地区，人们发现鲸脂特别适用于照明。随着 19 世纪末内燃机的诞生，对石油的需求急剧增加，进而催生了现代石油开采行业。

1859 年，美国第一口商业油井在宾夕法尼亚州的泰特斯维尔完钻，其成功推动了石油开采的普及，使石油逐步取代了鲸脂等传统燃料。在早些时候，盲目钻探较为常见，即通过猜测来确定石油钻探位置。随着时间的推移，科学家们确立了判断石油是否存在的相关原则，地质学和油藏工程学科应运而生。如今，油气钻探已成为一门较为复杂的技术，需使用复杂的工具和仪器，涉及多个学科协同，以实现石油和天然气开采的目标。

1.4.2 石油对世界经济的影响

世界经济与原油供应及价格紧密相连。石油已深入渗透至日常生活各领域。一个国家石油开采的中断可波及全球油价。以 21 世纪 10 年代初北非和中东的阿拉伯之春为例，埃及、利比亚等国供应中断引发全球油价上涨。图 1.4 揭示了 2002 年至 2021 年世界消费量、GDP 及 WTI 原油价格的变化关系。2020 年石油消费量骤降，进而引发世界 GDP 与油价大幅下滑。

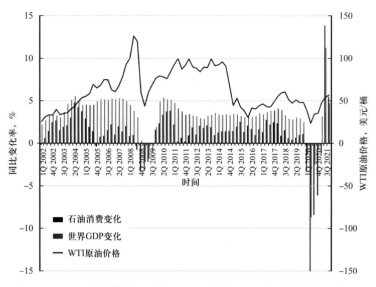

图 1.4　WTI 原油价格、世界 GDP 增长和石油消费增长随时间变化情况

（据：原油价格的驱动因素是什么？美国能源信息署，https://www.eia.gov/finance/markets/crudeoil/demand-nonoecd.php）

　　高油价对石油生产国有益，因其预算多依赖于石油出口。但高油价也可能导致某些行业的运输和原料成本增加，进而使各行业产品价格上涨。2020 年全球十大产油国是美国、沙特阿拉伯王国（以下简称"沙特"）、俄罗斯、加拿大、中国、伊拉克、阿拉伯联合酋长国（以下简称"阿联酋"）、巴西、伊朗和科威特。沙特曾位居全球产油之首，但自从页岩油革命后，美国于 2015 年超过沙特，跃居全球产油国首位。2020 年，前十大产油国产量占全球总产量的 72%，即 9386 万桶 / 天（表 1.2）。

表 1.2　2020 年前十大产油国

国家	万桶／天	占世界总量的份额，%
美国	1861	20
沙特	1081	12
俄罗斯	1050	11
加拿大	523	6
中国	486	5
伊拉克	416	4
阿联酋	378	4
巴西	377	4
伊朗	301	3
科威特	275	3
总计	6749	72

（据：哪些国家是石油的主要生产国和消费国？美国能源信息署，
https：//www.eia.gov/tools/faqs/faq.php？id=709&t=6）

　　在 2020 年，中东地区成为全球最大的石油产区，
日产量达到 2770 万桶石油；北美紧随其后，日产量为
2350 万桶。同年，亚太地区以每日 3360 万桶的消费
量领跑全球石油消费市场，北美以每日 2080 万桶的消
费量位居第二。由于美国的高石油消费量，北美在石
油消费方面一直处于领先地位。过去 10 年中，美国的
石油消费呈现平稳或减少态势，而中国的石油消费则
持续下滑。图 1.5 详细展示了 1965 年至 2020 年世界
各地区石油产销的变迁。

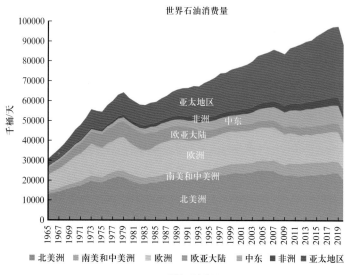

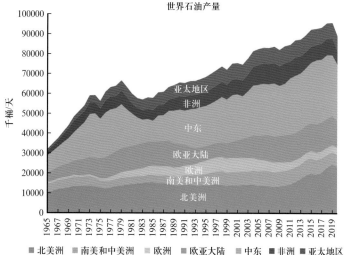

图 1.5　1965 年至 2020 年世界各地区的石油产量和消费量

（据：世界能源统计评论，BP，https://www.bp.com/en/global/corporate/
energy-economics/statistical-review-of-world-energy.html）

石油输出国组织,简称"欧佩克"(OPEC),是一个由多个成员国组成的多边组织,旨在减少国际油价波动。其成员国均为石油出口国。如图 1.6 所示,其成员国在 2018 年持有全球 79% 的石油储备,其中委内瑞拉以 3020 亿桶居首。厄瓜多尔和卡塔尔分别于 2020 年和 2019 年退出欧佩克,而印度尼西亚自 2016 年起暂停会员资格。由于委内瑞拉管理不善及美国制裁,其产量从 2015 年的每日 250 万桶骤降至 2020 年的每日约 36 万桶,无法满足出口要求。欧佩克力求合作平衡供油,沙特的参与至关重要。沙特是欧佩克最大的石油生产国,因此,减产协议很大程度上取决于沙特是否参与。为降低供应中断风险,部分国家保留

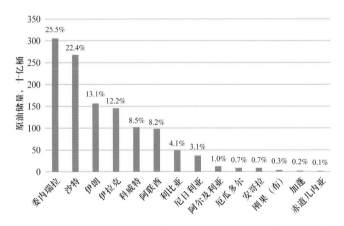

图 1.6　2018 年欧佩克原油储量在世界原油总储量中的占比

(据:OPEC 占世界原油储量的份额,OPEC,https://www.opec.org/opec_web/en/data_graphs/330.htm)

了原油应急供应储量，美国将此类应急供应称为战略石油储备（SPR），储存在墨西哥湾沿岸的盐穴中，总容量达 7.14 亿桶。

1.5 油田生命周期

1.5.1 石油价值链

石油价值链分为上游、中游和下游三个环节。上游主要负责原油的勘探与开采，下游则专注于原油的炼化。中游环节则负责以管道、卡车和铁路等方式，将原油从上游运输至下游。图 1.7 展示了石油价值链的整体结构。而同时涉足价值链各环节的公司被称为综合石油公司。

上游	中游	下游
● 勘探 ● 油田开发 ● 开采	● 加工 ● 运输 ● 储存和分配	● 精炼 ● 销售

图 1.7 石油的价值链

1.5.2 油田生命周期

上游的油田生命周期涵盖勘探、开发、开采及废弃四个主要阶段。图 1.8 展示了生命周期各阶段及其现金流特性：勘探与开发阶段，高昂的资本投入导致负现金流；开采阶段则带来正现金流；废弃阶段同样会产生负现金流。

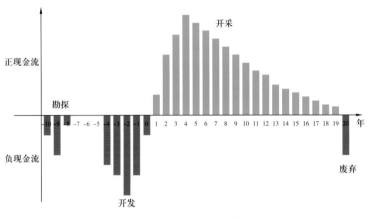

图 1.8　油田生命周期

1.5.2.1　勘探

油气资源的开发始于对潜在油气藏的合理判断，这些判断基于新区块与已知油气藏的相似性。随后，通过地震勘探技术来绘制地下油气藏的图像，该技术利用声波在不同类型岩石中的传播速度不同的反射机理来区分地下结构。通常，这一过程涉及在油气藏潜在位置上方多个特定点引爆炸药，以此来产生声波并记录其反射波。采集到的数据可用于构建油气藏模型，以便更好地了解油藏地下形态，并可通过数值模拟来确定可能的布井位置。

如果得到有利的地震结果，且显示存在烃类物质，就可以进行勘探井钻探。通常，在油气藏中间位置钻探勘探井，随后在疑似油气藏边缘钻探两至三口评价井。若勘探井中未发现烃类物质，则不钻探评价井。从油井采集岩石、水和油气样品，测量油气产量及油气藏的温度和压力。利用测井工具进一步验证油气藏厚度及岩石和流体类型。

将所有此类信息反馈到油藏模型中，以识别烃类物质的种类、储量及开采方式的经济性。若项目被证实经济上可行，将进入开发阶段。勘探过程可能长达数年乃至数十年，期间地球科学家与油藏工程师为主要参与者，他们会征求钻井工程师和完井工程师的意见。

1.5.2.2　开发

在开发阶段，会制订详尽的开发计划，旨在最大化油气产量并最小化成本。钻井计划将根据油藏深度、岩石和流体类型量身定制。完井计划将涵盖水力压裂和出砂控制等措施。在石油和天然气交付给客户前，还将设计高效的处理设施，将石油和天然气与水、二氧化碳等杂质彻底分离。

为确保油井预期使用寿命内达到公司设定的最低财务标准（如回报率、净现值和盈亏平衡点），将考虑多种经济情景。参与油井开发的关键人员包括地球科学家、油藏工程师、钻井工程师、完井工程师及设施工程师。

1.5.2.3　开采

可将开采阶段视为运营和维护阶段。在开采阶段，已在油气藏大部分区域钻井，油井连续开采出石油。该阶段旨在确保持续生产，以便持续获取收益。通常开采阶段是唯一能够盈利的阶段。若生产井停产，将全力查明原因，确保修复成本不超过可采剩余油气的预期利润。采出的油气需加工以满足客户需求，去除二氧化碳、硫化氢及水等杂质，随后输送至炼油厂或加工厂。开采阶段根据油气藏类型的不同，可持续时间 6 年至 60 年不等。

开采工程师在此阶段担任核心角色，并得到油藏工程师与地球科学家的全力支持。设施工程师则专注于采出石油与天然气的加工过程。

1.5.2.4　废弃

油气井完成开采后，将进行堵井和弃井操作。该过程将水泥注入油井进行封堵，防止液体从储层溢出至地表。某些情况下，例如海上油井，还需执行退役程序，移除相关海上结构物（如平台和管道）。

此外，废弃过程可能还包括将相关区域恢复至原始状态。

油井废弃往往成本不菲，尤其是在油田中的多口油井同时达到使用年限时。有时，石油公司会将老旧油藏出售，从而将废弃成本转移给买家。

开采工程师主要负责废弃作业，而油藏工程师则提供专业建议。图 1.9 概述了各工程学科、地质学及其所涉及的阶段。该图显示，油藏工程师在油井生命周期的每个阶段都发挥作用。他们通常作为项目经理参与，确保在不同学科间根据需要进行信息转换与共享（图 1.10）。

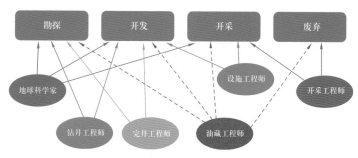

图 1.9　烃类开采生命周期中的工程学科及其相关阶段

图 1.10　石油生命周期阶段和相关活动

1.6 石油天然气行业中的工程学科

油田生命周期复杂，涉及多学科协作。本书虽聚焦工程学，但亦需关注合规性、法律协议、土地补偿、道路建设及经济分析等环节。

石油工程师接受过石油与天然气领域的专业培训。石油和天然气行业还会雇佣其他工程专业人员，包括机械工程师、化学工程师、土木工程师和电气工程师。

02   勘探和地质学

2.1   勘探和地质学

地质学家的核心职责在于评估未勘探或已开采储层中原油或天然气的储量。如第 1 章所述，油田的生命周期始于勘探阶段，此时油田或气田尚未进行任何开采活动。在勘探过程中，需解决的关键问题包括：是否存在具有经济开采价值的烃类资源，以及这些资源的具体位置、类型和质量。

由于无法直接观察地下情况，通常会通过地震勘探来绘制地层图，从而判断地下结构。这种方法利用声波在不同岩石和流体中的传播速度差异来成像，进而识别潜在的烃类位置。地质学家能够解读如图 2.1 所示的地震图像。图中的红色和蓝色条带代表了不同岩石类型的分布，y 轴表示地下深度，y 轴坐标为 0 的点代表了地表。x 轴表示勘探区域的展布范围。图中的黄色断层线显示了岩层的断裂，由于断层线可能会形成封闭烃类的油气藏或者可能会形成截留钻井液并妨害钻井过程的汇聚区，因此在钻井或规划新井位置时需重点考虑。地震勘探中，声音是通过地震空气枪、

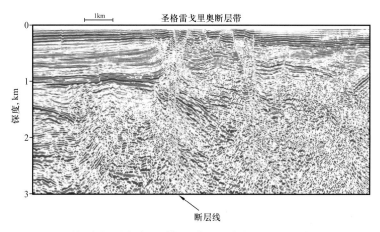

图 2.1 圣格雷戈里奥断层带二维地震剖面图（地表至 3km 深度处）

（据：圣格雷戈里奥断裂带地震反射剖面，美国地质调查局国家海洋地震调查档案馆，https://www.usgs.gov/media/images/seismic-reflection-profile-0）

炸药或振动卡车产生的。如图 2.2 所示，传感器检测到的声波反射和折射现象为地层成像提供了数据。

地震勘探包含二维（2D）、三维（3D）或四维（4D）勘探。二维地震勘探中，声源和接收器沿直线移动，可得到沿直线的二维地下图像。三维地震勘探中，接收器分布在密集阵列中，以接收反射声波，将震源移动到不同位置，以便接收器从新位置接收到反射和折射的声音，得到三维地下图像。四维地震勘探在三维地震勘探的基础上加入了时间维度，其勘探时间间隔可能长达数年，以追踪储层中地层压力、流体及饱和度随着烃类开采发生的变化。此类观测结果可

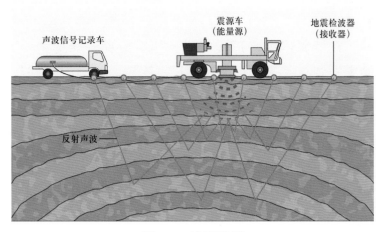

声波信号记录车　　　　　震源车　　　　　地震检波器
　　　　　　　　　　　（能量源）　　　　（接收器）

反射声波——

图 2.2　地震勘探

用于优化井位布局、最大化油气井产量、区分水淹层和非水淹地层、监测二氧化碳的封存状态、反映油藏中不同流体的产量和压力变化。二维地震勘探的成本最低，对环境的影响较小且操作较为便捷，因而常用于未勘探地区。三维地震勘探的分辨率更高，往往用于含油气区勘探，因其要更多的地面硬件设施和更强的计算能力，因此三维地震勘探成本更高。

　　高温高压下史前植物和动物的遗骸在烃源岩中形成了原油，而在较高温度下会形成较轻的石油或天然气。石油从烃源岩中运移至储集岩的孔隙中，直到不透水的岩石或盐类（盖层）阻止其进一步运移，并形成圈闭，如地震勘探中的盐丘就是可能存在烃类的特征迹象。

要形成储层，岩石必须具备多孔性，且孔隙必须相互连通（图 2.3），即岩石必须具备渗透性或高渗透率。在烃源岩中会形成烃类，然后运移到储集岩中。储集岩储存并传输烃类。盖层可圈闭烃类并阻止其从储层中运移出来（图 2.4）。

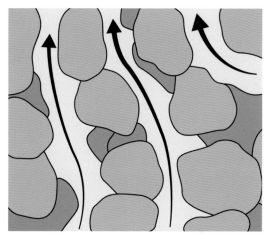

图 2.3　渗透性指连通孔隙，提供了流体流动通道

如图 2.5 所示，存在四种主要类型的圈闭。背斜型圈闭的顶部形成了盖层，可防止烃类进一步向上运移。断层圈闭中，断层使储集岩发生位移，阻止烃类运移。地层尖灭圈闭中，已运移到岩石尖端的烃类由于被盖层所包围，无法进一步运移。不整合圈闭中，顶部的烃类无法从侧面向上迁移。

页岩属于层状沉积岩，由细粉砂、黏土和其他矿物质组成。一般情况下，油气是从储层中进行开采的，

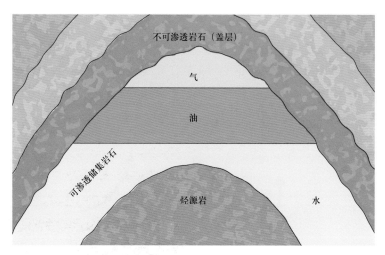

图 2.4 烃源岩、储层岩和圈闭的示意图

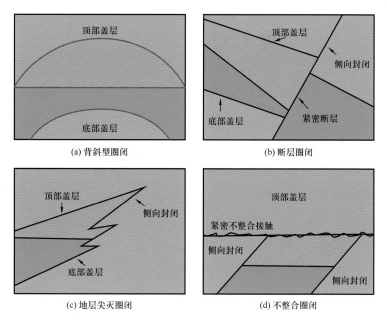

图 2.5 不同类型的圈闭

而对于页岩储集层即是烃源岩层从烃源岩中采出页岩油和页岩气。页岩除了充当了烃源岩和储层的角色外，还充当盖层的角色。这使得页岩开发具有一定挑战，毕竟页岩（烃源岩）具有特低渗透率和厚度非常薄的特点。

历史上，通过钻探直井获取储层中石油的方法在常规储层中的效果较好，但在储层厚度较薄的页岩烃源岩中效果不佳。为最大限度地提高从页岩中采出石油的量，通常需要采用水平井或者定向钻井方式进行水平井压裂形成产能。

2.2　测井技术

测井工具用于测量电阻率（感应测井、侧向测井）、放射性（中子、伽马射线、密度）和声学数据（声波）等。钻井过程中或之后进行测井，与地震勘探不同。测井结果可与地震勘探结果叠加，得到更为完整的储层图像（图 2.6）。

地球科学家通过测井作业获取有关储层和周围岩层的信息。测井曲线是对井筒深度变化属性的详细记录。首先，进行钻井作业，然后在钻完的井中下入测量工具，测量岩石和流体的各种属性。有时，测量与钻井同时进行。下文描述了各种类型的测井曲线及测得的属性。表 2.1 总结了不同类型的测井工具及所测量或评估的属性。

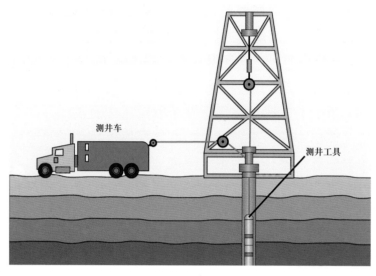

图 2.6　测井作业示意图

表 2.1　测井技术及所测量的储层性质

工具	储层性质
自然伽马测井	岩石类型、岩石厚度
自然电位（SP）测井	岩石类型、岩石厚度
岩心分析	岩石类型、岩石性质、流体性质
录井	岩石类型、流体类型、流体饱和度
电缆式地层测试器	流体类型、流体深度、岩石渗透率
电阻率测井	岩石类型、流体类型
中子测井	岩石孔隙度
密度测井	岩石类型、岩石孔隙度
声波速度测井	岩石孔隙度

自然伽马测井：测量自然产生的伽马辐射随深度的变化情况，以确定不同的岩石类型和岩石厚度。

自然电位（SP）测井：测量井筒内电极与地面电极之间电位差的深度变化。自然电位测井提供有关岩石类型和厚度的信息。

岩心分析：钻井期间或钻井后，采集储层的岩石样本分析。岩心分析可用于评估岩石类型、岩石性质和流体性质，还可用于校准地震和测井测量结果。

录井：通过记录钻井过程中钻井液带到地面的钻井岩屑创建的测井曲线。录井岩屑经过分析能够提供有关岩石类型、流体类型和流体饱和度的相关信息。

电缆式地层测试器：通过将探头推入地层并使流体进入密闭的仪器来测量井眼中的压力。这种方法可提供流体类型、不同流体接触的深度及渗透率的信息。

电阻率测井：通过测量岩石和流体的电阻率来表征岩石和流体类型。烃类具有较高的电阻率，而地层水具有较低的电阻率，即较高的电导率。

中子测井：利用放射源将高能中子送入地层并检测地层中中子的能量。这些测量结果可用来评估地层的孔隙度。

密度测井：通过由一个伽马源、两个伽马射线接收器组成的探测器，测量未吸收的伽马光子，来评估储层的岩石类型和岩石孔隙度。

声波速度测井：将声波发送到地层，并根据接收

到的反射波的时间差来进行声波测井。声波速度测井
用于测量储层的孔隙度。

三合一测井指自然伽马测井、电阻率测井和密
度—中子测井的组合测井方式。该测井方式能够同
时提供储层的基本信息：岩石类型、流体类型和流
体深度。图 2.7 展示了三合一测井，示例中自然伽
马测井显示，在深度 7060～7250ft 存在厚度约 290ft
的砂岩层，上下分别为页岩夹层。电阻率测井显

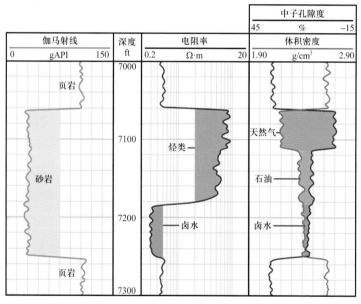

图 2.7 三合一测井结果显示的储层岩石类型、流体类型和
流体深度

〔据：Mark A. Andersen，发现地球的秘密，油田评论（春季版）. 2011，
23（1）：60〕

示，7060～7180ft 为烃类岩层，与砂岩层的顶部部分重合。在砂岩层底部，烃类以下为卤水层，位于 7190～7290ft 处。密度—中子测井确认了卤水层的深度。此外，还区分了烃类岩层中的天然气和石油。结果显示，可在 7060～7110ft 发现天然气，可在 7110～7190ft 发现石油。

2.3 地球科学

地球科学是对地球的研究。石油和天然气行业中，地球科学家通过分析地球物理、岩石物理和地球化学数据，建立地下模型，并确定可能存在油气的区域。地球科学家能够使用多种技术来了解特定油藏中的烃类物质的生成、运移和聚集规律。通过这些知识可降低风险并做出更合理的勘探和开发方案。

地球科学家根据不同的研究领域及相应的技术特点也有详细的分类，包括：

地球物理学家： 通过遥感方法（包括地震、重力、磁力和电法）确定圈闭大小。旨在评估潜在的油气产量。

岩石物理学家： 主要通过测井解释分析岩石及其流体的物理和化学特性。所研究的范畴包括岩石类型、各岩石类型的岩层厚度、岩石密度、岩石孔隙度、岩石渗透性、流体类型及岩石中的石油、天然气和水的饱和度及压力。

地球化学家：评估储层中的流体性质变化情况。通过分析地层流体及岩屑、钻井液和岩心，确定烃类的具体类型。

2.4 烃类储量预估

地质学家通常使用容积法预估烃类数量，特别是在勘探阶段没有油井产量信息的情况。基本上，可计算储层的体积，然后减去不含孔隙并且未被原油或天然气填充的岩石体积。通过地震、测井和对储层中的岩石和流体进行分析来确定计算所需的所有参数。这些属性包括储层温度、储层压力、净产油层、含烃饱和度和岩石孔隙度。净产油层指储层中含有烃类的部分。含烃饱和度指储层中烃类物质所占百分比。

如图2.8所示，地质学家在开始开采前确定原始烃类地质储量（OHIP）的工作流程，包括原始石油地

图2.8　地质学家预估原始烃类地质储量的工作流程

质储量（OOIP）或原始天然气地质储量（OGIP）。地质学家需要结合地震、流体和岩石样本及测井曲线的数据，创建油藏的地质模型，来计算储层中的烃类数量。

原始烃类地质储量的容积计算需要掌握以下知识：

——储层或含有油气的地下岩石的体积，包括储层厚度及面积。

——储层的平均孔隙度。

——含烃饱和度，即储层中烃类流体的百分比。

原始石油地质储量可使用以下公式计算。

$$N = 7758 A h \Phi (1 - S_{\text{w}}) / B_{\text{oi}} \quad （2.1）$$

$$S_{\text{w}} = 1 - (S_{\text{o}} + S_{\text{g}}) \quad （2.2）$$

式中，N 表示原始石油地质储量，单位为标准桶（STB）；7758 表示从英亩 - 英尺到桶数的换算系数；A 表示油藏面积，单位为英亩（acres）；h 表示含烃类油藏的厚度，单位为英尺（ft）；Φ 表示储层岩石的孔隙度（小数）；S_{w} 表示含水饱和度（小数）；B_{oi} 表示地层体积系数，给出了油藏桶数与库存油罐桶数或地面桶数之比，单位为油藏条件下的 bbl❶/STB；S_{o} 表示油藏中的含油饱和度（小数）；S_{g} 表示油藏中的气体饱和度（小数）。如果不存在气体，则 S_{g} 的值将为零。

石油在地下和地面的体积不同，由于地层压力较

❶　bbl 为桶的符号。

高，石油在地下条件下占据体积较小；当烃类物质被带到地表时，由于压力降低，体积会发生膨胀，此时需要使用 B_{oi} 来反映这种体积变化。

原始天然气地质储量可使用以下公式计算。

$$OGIP = 43560 \times \frac{Ah\Phi(1 - S_w)}{B_{gi}} \qquad (2.3)$$

式中，测得的原始天然气地质储量以标准立方英尺（SCF）为单位；43560 指从英亩 – 英尺到立方英尺的转换系数；B_{gi} 指储层中气体的地层体积系数，单位为立方英尺每标准立方英尺（ft^3/SCF）。

原始碳氢化合物体积计算过程属于瞬时计算，一旦开始开采石油和天然气，原始碳氢化合物的体积将发生变化。由于计算中涉及的因素存在不确定性，原始烃类地质储量的数值也存在不确定性。譬如，储层的实际孔隙度在不同部分会有所变化，因此使用平均值可能会影响计算结果的准确性。储层工程师可将原始烃类地质储量数值和其他相关信息（如储层深度）与不同的工程学科共享，以推动项目进展，具体可见下一章所述。

03 油藏工程

如前所述，勘探阶段是油气生命周期的起点。在此阶段，地质科学家主要负责分析大量已收集数据，油藏工程师参与其中负责部分数据的分析。油藏工程师的角色贯穿整个油气生命周期，并在开发阶段扮演项目经理的角色。此外，油藏工程师还需要担任技术翻译，确保地质学家的研究能通过工程术语准确传达，以便其他工程学科人员理解。油藏工程师通常担任资产经理，致力于最大化产量、降低成本，并确保油气资源的最优利用。

3.1 石油和天然气的开采方式

确定油气储集位置与埋藏深度后，便可钻井至储层以开采油气资源。由于储层内压力较高，油气采至地表时随压力下降会发生膨胀。图 3.1 展示了在钻井过程中可能遇见的情况：从气顶中采出天然气（气井），采出石油（油井），没有碳氢化合物被采出（干井）。

在探讨油藏工程师的职责之前，首先需了解他们所面对的储层类型。储层主要分为常规与非常规两大类。常规储层中，烃类物质源自储层岩石，并通过井筒被抽汲至地表，常用直井技术进行开采。下一节将详述非常规储层。

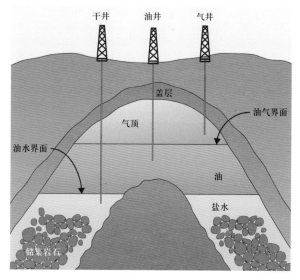

干井　　油井　　气井

盖层

气顶

油气界面

油水界面

油

盐水

储集岩石

图 3.1　钻井可能产生的情况

3.2　非常规储层

非常规储层的开采通常依赖于特殊的采收技术，非常规储层的特点包括高黏原油、低渗油藏或从烃源岩（而非储集岩）开采。由于开采非常规储层的技术要求高，其成本通常超过常规储层。接下来将探讨不同类型的非常规储层（图 3.2）。

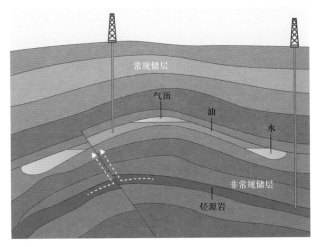

图 3.2　常规储层与非常规页岩储层

3.2.1　致密气

低渗透储层被称为致密储层，在渗透率非常低的致密储层中发现的烃类物质被称为致密气。为了能够以经济速率开采致密气，需通过人工压裂提高储层渗透率。

3.2.2　页岩油和页岩气

美国的主要页岩气田或储层包括二叠纪页岩气田、巴肯页岩气田、鹰滩页岩气田、奈厄布拉勒页岩气田、阿纳达科页岩气田、阿帕拉契亚页岩气田和海恩斯维尔页岩气田。其中，阿帕拉契亚页岩气田包括尤蒂卡页岩气田和马塞勒斯页岩气田。

　　页岩油和页岩气与致密气类似，区别在于页岩油和页岩气存在于烃源岩中，而致密气存在于储集岩中。烃源岩的渗透率非常低，甚至低于致密气，因此需要压裂改造。此外，由于页岩岩石较薄，相较于垂直井，采用水平井能开采出更多油气，如图 3.3 所示。在钻井过程中，首先钻垂直井段，接近目标岩石后以一定的角度持续钻井（造斜），到目标岩石后再进行水平钻井。

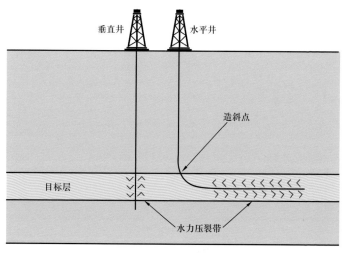

图 3.3　采用水力压裂垂直井与水力压裂水平井开采的区域

3.2.3　重油

　　重油在室温、储层温度及储层高压下极为稠密，几乎处于固体状态，不经加热或与轻烃混合难以流动。开采时，可通过向储层注入蒸汽来加热重油，促其流动。某些储层距地表较近（约 200ft）的区域，开采可能导致地面因失去地下石油压力支撑而坍塌，从而无法实施蒸汽开采。因此，在这些情况下，通常采用传统方法，即挖掘并与水混合后输送至沥青分离设施进行开采。

　　使用蒸汽采收重油的方法称为蒸汽辅助重力泄油法（SAGD），具体过程如图 3.4 所示。在储层中钻两口水平井，通过其中一口井将蒸汽泵入储层，然后通过另一口井采出至地表。通过注入蒸汽，使重油黏度降低至可流动程度，通过采油井输送到地表。考虑蒸汽生成和挖掘、加工活动产生的成本，重油的开采成本通常高于常规石油。全球三分之二的重油储量分布在加拿大和委内瑞拉境内。

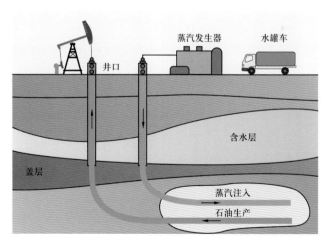

图 3.4　利用蒸汽辅助重力泄油法采收重油

3.2.4 煤层气

煤层气（CBM），即地下煤层中发现的烃类气体，主要由植物残体在转化为煤炭过程中形成，以甲烷为主，偶含少量乙烷。通过降低煤层水压，促使煤层气逸出，与水一同升至地表，随后经管道输送至指定地点，如图 3.5 所示。

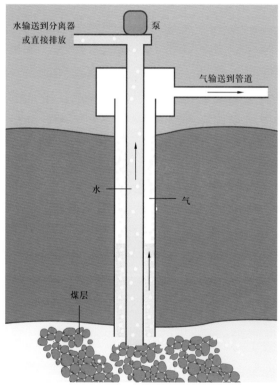

图 3.5　煤层气的开采方式

3.2.5 甲烷水合物

甲烷水合物是在低温高压条件下形成的含有甲烷的水晶体。甲烷水合物存在于海洋大陆边缘的沉积物中、深内陆湖泊的沉积物下方、南极冰下方及北极多年冻土中。甲烷来自沉积物中的生物活动，或来自地球深处的地热活动。

甲烷水合物由固态水分子晶格中的甲烷分子组成。在标准条件下，$1m^3$（$35ft^3$）的天然气水合物能释放出约$164m^3$（$5791ft^3$）的甲烷。据美国地质学会2008年报告，阿拉斯加北坡的甲烷水合物储量估计在25.2万亿～157.8万亿立方英尺。尽管甲烷水合物储量巨大，但目前尚未开发出经济有效的开采技术。现阶段，仍在进行研究以找到商业上可行的开采方法。由于甲烷水合物在常温常压下易分解，因此甲烷水合物的研究一直存在诸多困难（图3.6）。

3.3 什么是油藏工程师？

油藏工程师担任地面油气开采项目的负责人，负责将地质学家的地质数据转化为工程语言，确定新井位置，结合钻井和完井工程师提供的成本数据，评估新井的经济效益。油藏工程师还与负责设计分离设施的工程师交流储层中油气及其他流体的信息。油藏工

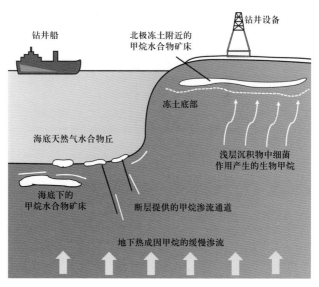

图 3.6　甲烷水合物矿床的类型

程师与开采工程师合作，在油井停产后进行复产，监控储层表现，并在停止开采时执行封井和废弃井的操作。地球科学与工程各学科间的关联如图 3.7 所示。

图 3.7　油藏工程与地球科学和其他工程学科的相关性

油藏工程师的核心职责在于提升储层经济采收率。他们通过优化油气产量与采收率，并降低资本及运营成本，以最大化油田收益。具体任务包括评估油气储量、预测井产量、进行经济分析以确定钻井策略，以及执行相关工作流程以减少失误。这些关键任务如图 3.8 所示，详见下文。

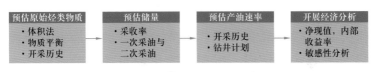

图 3.8　油藏工程的流程步骤

3.4　原始烃类储量预估

油藏工程师与地质学家紧密协作，旨在油气开采前预测储层中的原始烃类储量，即原始烃类地质储量（OHIP）。了解原始烃类地质储量至关重要，以便制订油藏开采计划，并确定油藏的开采是否具备经济可行性。值得注意的是，原始烃类指预估过程中所存在的任何地下烃类物质。开采后，仍可确定该数值。

通过下述方法可预估地下原始烃类储量。油藏压力与地表压力不同。因此，烃类体积需换算成地表条件下的体积。

类比法：该方法利用相似油藏的动态特征开展相关研究。该方法主要用于新发现或定义不明确的油藏，即缺乏流体或油藏性质实际数据的油藏。已开采的油藏应接近废弃状态，以便了解其资源量和采收率。可利用类比法确定烃类资源的数量级，以及可开采的烃类资源量，即储量。

体积分析法：该方法是确定原始烃类地质储量最为简单的方法，属于静态的烃类物质测量方法，即不依赖于时间。通常在油藏开发的早期阶段使用该方法，因此无须提供开采数据。首先，根据油藏边界和厚度确定油藏的总体积。然后，通过岩石的孔隙度和烃类的饱和度来计算油藏中的烃类体积。使用换算系数（即地层体积系数）将油藏体积换算为地表体积。

物质平衡法：该方法基于质量守恒定律，分析储层流体在不同压力下的性质。地层流体的生产数据也同样考虑压力的影响。该方法假设油藏为均质油藏，在一个点进行流体开采，在一个点注入流体，且不考虑油藏中的流动方向。因此，油藏压力随着气的产出按照一定规律下降。

3.5 储量预估

资源量是指储层中预估的烃类物质总量，而可采储量则是指在当前价格下经济可开采的石油或天然气总量。可采储量的预估受采收效率和运营经济性的影响，因此，随着运营支出、资本支出和油气价格的变化，可采储量可能会有所增减。

在常规储层中，由于多种限制，可采原油量的平均值通常为 20%～30%。而在常规天然气储层中，可开采的天然气量约为 80%～85%，这些百分比被称为采收率（RF）。计算可采储量前，必须先确定采收率。

3.5.1 采收率

采收率指可通过经济方式开采出的原始烃类地质储量百分比。采收率取决于储层岩石类型、碳氢化合物类型、驱替流体及储层的形状和范围。可用式（3.1）计算采收率。

$$采收率 = \frac{可采烃类的预估值}{原始烃类的预估值} \qquad (3.1)$$

一般情况下，油藏的采收率通常较低，约为 20%。为了从油藏中采收更多油气，会采用二次和三次采油方法（图 3.9）。

3.5.1.1 一次采油

一次采油指天然能量采油，即石油靠地层的自然压力流入油井中。一次采油又称为压力递减驱动，此时产油依赖于油藏中的压力下降现象，使用抽油机和其他人工举升方法采油也属于一次采油。其驱动机制基于油藏的自然能量，将烃类送入井筒内。通过在早期对特定油藏的驱动机理进行表征，油藏工程师可最

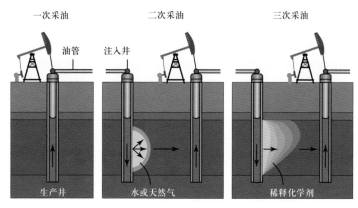

图3.9 一次、二次和三次采油

大限度地提高采收率。含水率（即采出的水和石油或天然气的相对数量）及储层压力可用于确定驱动机理（表3.1）。

表3.1 主要驱动机理及相应的采收率

主要驱动机理	采收率，%
溶解气驱	5～30
弹性驱	2～5
气顶驱	20～40
底水驱	20～40
边水驱	35～60
重力驱	5～30（增量）

溶解气驱： 随着石油从油藏中被开采出来，油藏内的压力下降，导致剩余的石油和溶解在其中的天然

气开始膨胀。该膨胀为油藏提供了大部分的驱动能量。

弹性驱：随着油藏压力下降，岩石和水膨胀，可提供额外的驱动能量。

气顶驱：油藏中存在气顶，随着石油从油藏中被开采出来，压力下降，导致气顶膨胀，从而提供了驱动能量。气顶越大，压力下降的速度越慢。此外，石油膨胀也提供了驱动能量，因此在确定采收率时必须考虑石油的黏度。

水驱：油藏中存在与石油接触的含水层。含水层中水的膨胀提供了驱动石油开采的能量。底水驱中，含水层位于油藏下方。边水驱中，含水层位于油藏边缘。图 3.10 展示了这两种水驱机理。油藏越大，渗透性越高，水驱越强，含水层提供的能量越大。

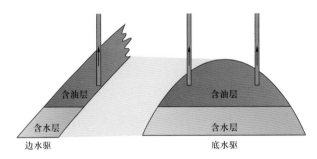

图 3.10　边水驱和底水驱含水层的位置

重力驱：能量来源于油藏中流体的密度差异。重力驱存在于具备气顶驱或水驱的油藏中。所释放的天然气向上移动到气顶，或水向下移动到含水层会产生重力驱所需的能量。运移的天然气将石油推向油井。

复合驱：油藏通常受到多种驱油方式的共同作用，这种情况被称为复合驱。例如，油藏可能同时具有含水层和气顶。然而，主导的驱油机理将决定开采和采油方法。

3.5.1.2 二次采油

二次采油是在自然采油后，通过水或天然气注入来提升油藏压力，从而增加石油开采量的方法。这种方法能将石油采收率提升至45%。其中水驱是最常用的技术，通过将水（或二氧化碳）泵入注入井，从而将石油驱替至采油井提高石油产量。

3.5.1.3 三次采油

三次采油主要是针对通过一次或二次采油方法未能开采出的残余油而使用的技术，也被称为提高采收率（EOR）技术。该技术可将油藏采收率提高至65%左右。三次采油可通过以下方法恢复地层压力（图3.11）。

热力采油：通过注入蒸汽、注入热水或燃烧的方式将热量引入油藏，降低重油黏度，从而将其从油藏中泵出。该方法的示例包括蒸汽辅助重力泄油法，参见3.2.3。

注气：注入二氧化碳（CO_2）等气体，使气体扩散到油藏中的石油中，降低其黏度并使其膨胀，从而

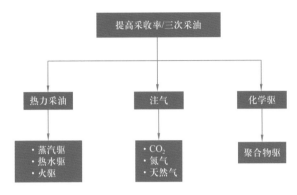

图 3.11 三次采油方法

增加流向采油井的液流。从采出的石油中去除二氧化碳，并回收送回油藏。部分二氧化碳仍封存在油藏中。也可利用氮气或天然气等其他气体提高采收率，不过其使用频率远低于二氧化碳（图 3.12）。

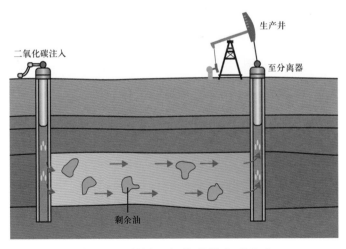

图 3.12 利用二氧化碳提高采收率

化学驱：包括注聚合物和注表面活性剂。注聚合物可增大水的黏度，提高了其在油藏中将剩余油推向采油井的效率，该方法称为聚合物驱。注表面活性剂可降低石油的表面张力，使水更容易将石油推向采油井。

3.5.2 开采历史

开采历史法是对油藏中采出流体的开采行为的分析。主要应用于开采后期储层压力下降，产量自然递减这一阶段。可使用多种方法将经验公式与开采历史相匹配。此类方法取决于油藏特征和该油气田或油藏中油井的平均产量。

一旦经验公式与数据之间实现了良好的拟合，就可用于预测油井的未来产量。然后可以计算油井的估算最终可采量（EUR）。估算最终可采量指在油井生命周期内可采出的烃类总量预计值（图 3.13）。

3.5.3 储量分类

公司的烃类储量反映了公司的价值，储量数量将会提交至美国证券交易委员会（SEC）。如果可采收烃类预估量与商业可行的项目相关联，则可将其划分为储量。储量可分为已探明储量和未探明储量（图 3.14）。

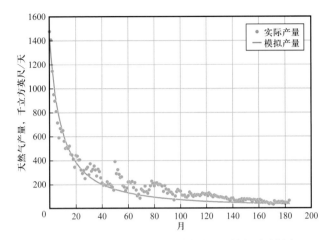

图 3.13　天然气实际开采数据及其拟合结果

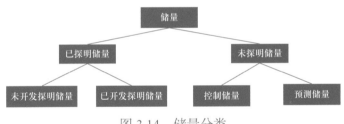

图 3.14　储量分类

3.5.3.1　已探明储量

已探明储量，或称为探明储量，指公司从技术和商业角度预计能够以 90% 的确定性从某一特定油田开采的烃类数量。2019 年底，欧佩克国家拥有全球 70.1% 的已探明储量。已探明储量可进一步分为未开发探明储量和已开发探明储量。未开发探明储量指预计可从现有油井中以大量资本支出或从未钻探土地区域的新油井中采收的储量。已开发探明储量指预计可从现有油井中按照现有作业程序采收的储量。

3.5.3.2 未探明储量

未探明储量或未证实储量指采收确定性较低的储量。未探明储量可进一步分为控制储量或预测储量。控制储量存在 50% 的商业开采确定性，而预测储量存在 10% 的商业开采确定性。10% 以下的储量被称为"潜在资源"。

3.6 产油速率的确定

可使用油井初始产率和所研究油藏典型产量递减速率预测单井产量。预测时间线取决于油藏的典型情况。最短可能为 10 年，最长可能为 30 年。在规划阶段，需要对油田中每口油井的产量进行预测。产量预测还包括后续将要钻的油井及在规定时间投运时的产量。随着可用产量和压力数据不断增多，物质平衡计算结果和下降曲线分析结果成为储量预估的主要方法。下降曲线的分析侧重于单口油井而非整个油藏。

储量预估中使用的各参数具有不确定性，这会导致最终计算结果的不确定性（图 3.15）。可使用确定性方法或概率方法计算原始烃类地质储量、提高估算最终可采量、储量和其他系数。确定性方法使用各参数的单个数值得出单个解（通常为均值或平均值），并可使用旋风图来比较参数的相对重要性。概率方法更加严谨，使用了各参数的分布曲线，从而得到解的一系列数值，可使用蒙特卡洛模拟来生成参数分布曲线。使用概率方法时，只知道最终结果，不知道确切的参数值。另一方面，确定性方法可能忽略参数数据的可变性。使用上述两种方法进行计算可提高最终结果的可信度。如果得出差异较大的解，则可能需要重新审视上述假设。

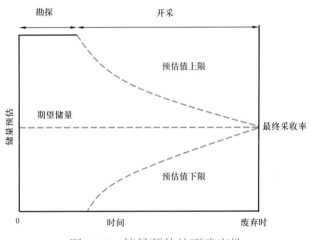

图 3.15　储量预估的不确定性

后期阶段，需收集的信息涵盖错失的钻井点位、油藏的连片性或独立性，以及开采设备的运行状况。油藏工程师负责评估提高采收率技术的适用性及油藏的开发程度。针对预测过程的不确定性和假设，应采用多场景分析。这些不确定性和假设涉及油藏类型、能量来源、地质、工程及地球物理数据。评估人员的经验与知识亦具影响力。对于相同的数据，两名工程师可能会得出略微不同或差异极大的结论。

3.7 经济分析

产量预测结果用于经济分析，以确定油田的盈利能力。经济分析还可用于确定是否应钻单井。经济分析活动需要技术输入和经济假设。技术输入包括储量、产油速率、基建成本和运营成本。基建成本包括单井的钻井和完井成本。经济假设包括油气价格、通货膨胀和其他因素引起的成本上涨及税费。进行风险和敏感性分析，以评估投入和假设发生变化时产生的影响。经济分析的基本输出包括净现值、内部收益率和投资回收期（图 3.16）。

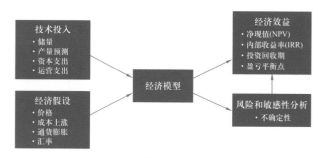

图 3.16　经济分析的部分内容

　　由于通货膨胀，未来所收到现金的价值将低于现在收到的现金。净现值（NPV）指按照特定折现率换算所有未来现金流的总和（负数或正数）得出的等值。折现率由各公司决定，是可盈利项目必须克服的障碍。如果一个项目的净现值为正，则该项目具备吸引力（图3.17）。内部收益率（IRR）指使净现值等于零的折现率。本质上，内部收益率是项目达到盈亏平衡的速率。内部收益率越高，项目对投资的吸引力越大。如果内部收益率高于公司的预期最低收益率，则认为该项目可盈利。投资回收期指项目收回投资成本所需的时间（图3.17）。投资回收期越短，项目的吸引力越大。

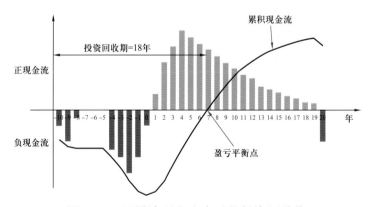

图 3.17　以累计现金流表示的投资回收期

　　随着可用数据不断增多，不确定性水平逐渐降低（图3.18）。因此，勘探阶段的不确定性最高，开采阶段的不确定性最低。不同阶段的不确定性类型会发生变化。在开发阶段，主要的不确定性在于项目执行，例如油藏和流体性质、设施、进度和预算方面的不确定性。开采过程中，主要的不确定性为技术性方面，例如与生产、成本和价格相关的运营现金流。所有阶段中，还存在与油藏位置相关的风险和不确定性。这些政治、监管和经济风险的不确定性与油藏所在国家或地区相关联。图3.8汇总了油藏工程师评估新油田价值的步骤。这些步骤也可以应用于成熟油田，以确定进一步钻井的可能性。必须由其他工程师提供油气藏开发的一些成本信息。后续章节将会探讨其他工程学科。

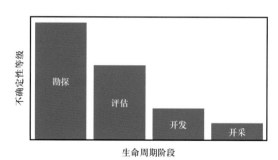

图 3.18　石油生命周期不同阶段的相对不确定性水平

04 钻井工程

钻井工程学科涉及获取地下油气所需的钻井过程，涉及钻井规划、设计和成本预估，以及试井的规划和实施。钻井工程师将根据油藏工程师提供的信息进行新钻井作业设计。

4.1 钻井方式

钻井是为了在油气藏中开辟通道，以便将石油和天然气输送到地表。钻井作业的复杂程度因油藏类型、油藏深度和钻进岩石类型而定。水下钻井，也称为海上钻探，则更为复杂，因为必须考虑水体深度和水体的运动情况。

4.1.1 陆上钻井

使用电动钻头在地面上钻出直径 5～30in（英寸）的井筒（图 4.1）。钻头配备有切割或粉碎岩石的钻齿，并通过钻井液流体进行润滑和冷却。钻井液循环注入钻孔，将岩屑带至地表，同时填充钻孔以增加压力，防止水和其他液体流入井筒。钻井液分为油基或

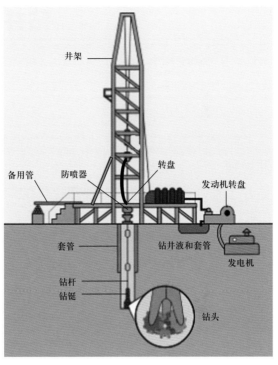

图 4.1　陆上钻井设备的部件

水基钻井液，选择合适的类型可最小化对钻探地层的损害。油基钻井液常以柴油为基液，但会使得钻井液中的柴油和地层原油难以区分而可能影响岩屑的地球化学分析。

当钻井液回到地表时，将其输送至钻井液储备池，使钻井过程中带出的细小颗粒沉淀到底部。然后，将钻井液再次循环到油井中。向钻井液中添加各种化学品，可达到杀灭细菌、减少流体损失、增加钻井液黏度、增强混合和扩散等效果。钻到离油藏预计位置稍低的深度处。旋转钻机每天最多可钻进1000ft。钻井过程中，可进行测井以获取有关油藏和周围岩层中岩石和流体的信息。

4.1.2 海上钻井

为开采海底油藏，需使用海上钻机。水深超过400m时，将钻机固定在海底的成本非常高昂，所以通常采用浮式钻机。一旦完成钻井，可将浮动钻井平台移动到下一钻探位置。某些情况下，会使用钻井船代替钻井平台。水深深度为2000~12000ft时，可采用钻井船。钻井船配有钻井设备，可自行从一个钻井位置移动到另一个位置。在较浅的水域，钻井船在钻井时会在海底下锚。然而，在较深的水域，钻井船则必须依靠动态定位系统来保持稳定位置（图4.2）。

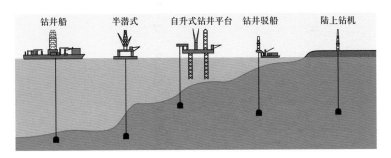

图4.2 海上和陆上钻井设备

半潜式钻井平台可用于深度为10000ft的位置。与钻井船不同，必须通过外部运输车辆将半潜式钻井平台拖曳到不同的地点。自升式钻井平台配有可降低到海底的支腿。会将钻井设备顶升到水面平台上。自升式钻井平台可在 500ft 水深下作业。未展开支腿时，自升式钻井平台可漂浮在水面上。部分自升式钻井平台可自行从一个位置移动到另一个位置，而其他钻井平台则需要由拖船或坐底式钻井船进行拖曳。

钻井驳船在浅水区作业，浅水区水深约为 500ft 且水面较为平静。必须通过拖船拖曳钻井驳船，以便从一个位置移动到另一个位置。钻井设备放置在甲板上，钻井驳船在钻井过程中由船锚固定在原位。

4.2 油气井的组成

将油气井钻至预定的数百或数千英尺深度处，用一种被称为表层套管的金属管作为衬套，以保护含水层并作为生产套管的支撑，保护井筒的其余部分。将水泥泵入表层套管的后面，以防流体进出油气井。随后将防喷器连接到表层套管上。如果井筒内的压力过高，可关闭防喷器，以防高压气体或液体从油气井喷出。由完井工程师对生产套管进行射孔作业，以便流体流入井筒。将在下一章深入探讨该主题。之后可将直径较小的管道（又名生产油管，直径为 2.5～7in）下入油井生产套管内。通过油管将油气和其他流体输送到井口（图 4.3）。

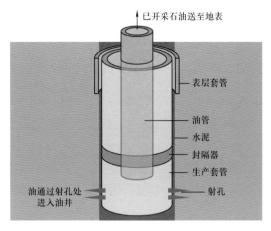

图 4.3　油井的组成

4.3　定向钻井

定向钻井指钻井角度偏离垂直方向的钻井。相比于垂直井，定向钻井能够开采出更多的石油和天然气。水平钻井和压裂技术结合，催生了美国的页岩油气革命。

4.3.1　水平钻井

采用该钻井方式时，先钻垂直井，接近油藏时转换为水平钻井。水平段通常长达 1mile（英里），以尽可能多地触及油藏。上述情况下，油藏通常很薄但分布较为广泛。采用水平井，使得即使在油藏很薄的情况下也能通过经济方式开采石油。所开采出的石油和天然气是垂直井的 20 倍以上。此外，该钻井方式还有其他优势，即需要较少的油井，降低了对地表的干扰（图 4.4）。

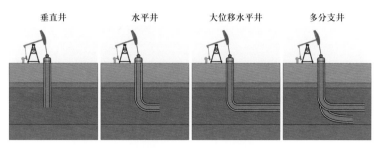

图 4.4 定向钻井类型及与垂直井对比

4.3.2 多分支井钻井

多分支井钻井指在同一主井筒不同深度处钻进各油藏的钻井。这样可通过同一井筒开采不同的油藏。

4.3.3 大位移钻井

该方式指钻井垂直深度相对较浅但水平长度极长的油井。普遍认为，如果水平长度超过垂直深度的两倍，就可将其视为大位移钻井。大位移钻井通常用于开采较远的油藏，减少直接在油藏上方钻井产生的影响。然而，该方式在钻井难度方面具备一定挑战性且成本较高。

4.3.4 多井平台钻井

该方式属于定向钻井的一种应用，但不属于定向钻井。主要涉及从单个钻井场以不同方向钻多口井的作业。可节省资金,提高石油的开采效率。此外,降低了在不同钻井场钻多口井产生的环境影响和作业影响。

4.4 测井

现在的测井技术已取得一定进展,可同时开展测井和钻井作业(随钻测井)。而在以前必须在完成钻井后才能开展测井作业。

裸眼井测井是最为常见的测井类型。即在井筒下套管和固井前进行测井。套管井测井指在完成套管安装后进行的测井。由于采用的是金属套管,很少使用该方法,因为所提供的信息较少。然而,相关读数仍然有效,并且可提供套管、射孔、水泥及井筒中潜在堵塞的相关信息。该方法还有助于伽马射线和中子孔隙度测井。

随钻测井(LWD)方式将测井工具集成到钻杆中,可同时执行测井和钻井作业。可将相关岩石物理数据实时发送到地面。工具返回地面时,也可存储和下载相关信息。随钻测井方式包括电阻率测井、录井、自然电位测井、感应测井和伽马射线测井。利用随钻测井方式,钻井人员能够立即更改钻井计划。

随钻测量(MWD)指用于提高钻井效率和井身形

状（如方向和方位）的信息。主要用于定向钻井，确保油井处于目标区域内。通常，通过钻井液中的压力脉冲将信息传递到地面，包括正脉冲、负脉冲或连续正弦波等形式。

4.5　成本

包含钻井相关的各种成本。钻井成本可能因多种因素而异，包括油藏深度、钻遇岩石类型、流体类型或钻井类型，例如垂直井和水平井。钻井工程师从油藏工程师处获取上述信息并进行钻井作业设计，然后与油藏工程师分摊成本。成本可能包括钻井设备的日常费用、化学品、钻井液和水、套管、水泥等材料费用及燃料费用和测井费用。

海上钻井的费用高于陆上钻井。勘探井的费用远大于开发阶段钻井，因为开发井可利用规模经济效应，同时钻井数量较多。通常，陆上水平井的成本大约为600万美元，垂直井成本为200万美元，而海上井成本为2亿美元。

完成钻井后，将油井移交给完井工程师进行完井。参见下一章。

05 完井工程

　　完井是油气井开采前的关键步骤，其质量直接关系到油气井产量。完井包括在井筒内安装套管、固井、射孔、实施增产措施、安装防砂设备及井口装置等过程。采用适宜的增产措施能显著提升油气井的产能，而安装合适的防砂设备则能避免油气藏中的砂砾堵塞射孔，确保油气流动通道的顺畅。完井作业通常在钻井、固井及套管安装后进行，优质的完井作业能优化油气藏通道，助力油气井长期维持良好的生产状态。采油树是安装在井口的地面装置，主要用于调控输送管道内的流体流量，将采出油气输送至加工设施。采油树还具备油气井的开关控制功能，以便于进行修井作业等，部分采油树具备远程监控与操作功能。

5.1 裸眼完井与套管完井

　　目前，完井工程可分为两类：裸眼完井和套管完井。

　　不使用生产套管的油气井完井称为裸眼完井。裸眼完井过程中，需使用与油气井条件配伍性较好的钻井液进行钻井，以防井筒坍塌。完成钻井后，下入生产套管，保证油气井的完整性。但是，不得将套管伸入油气藏深处。无须进行射孔，即可使油气藏流体流入井筒。

因无须进行固井或射孔作业，裸眼完井的成本较低。水平井固井作业和射孔作业的成本特别高昂。然而，由于油气藏上方没有套管，很难控制油气藏中的砂量和多余的地层流体。在裸眼井中，由于无法隔离油气藏，难以开展修复工作。

在套管完井过程中，将表层套管和生产套管下井筒中，向套管与地层之间的环空内注入水泥使其固定。生产套管覆盖整个油气藏，必须进行射孔，使储层流体流入油气井中。使用射孔枪射孔，引发可控爆炸，从而在生产套管靠近油气藏的部分形成孔洞。为了达到所需的流速，由完井工程师帮助选择合适尺寸的油管。流体通过射孔进入生产套管，沿着油管上升到地表。与套管不同，油管不需要进行固井，在某些情况下可直接拔出，以便进行检查或更换。

通过套管井完井，生产套管有助于隔离油气藏，可通过单口油气井实现多个油气藏或区域的开采。同时，更容易开展修复作业。套管增强了油气井的完整性，有助于控制储层岩石及流体流入油气井。但是，生产套管可能会限制从油气井中采出的烃类体积。

5.2 油气增产措施

油气增产措施的选择，取决于油气井和油气藏的特性。一些油气藏具有高渗透性，不需要实施增产措施，烃类即可自行流动。其他一些油气藏的渗透性较低，必须实施增产措施才能实现油气开采。

实施增产措施，目的在于提升或增加油气井的产量。对于渗透性较低的油气藏，实施增产措施可启动油气藏的开采作业，也可使产能下降的油气井恢复生产。增产措施主要包括两种类型，酸化措施和压裂措施。20世纪40年代末开发出压裂技术之前，酸化技术就已投入使用。

5.2.1 酸化

酸化技术是将酸液泵入油气井，以提高油气藏的渗透性。酸液可溶解储层岩石之间的石灰岩、方解石和白云石。酸化过程中，需使用酸腐蚀抑制剂保护油气井中的钢套管和管道，防止其被腐蚀。酸化作业的设计，取决于储层岩石的类型和储层的渗透性。该酸化技术适用于砂岩、页岩和碳酸盐岩地层。稀释至1%～30%的盐酸和氢氟酸，是酸化作业中较为常用的酸类。

基质酸化是将压力相对较低的酸液泵入油气井中，

溶解可抑制地层渗透性的沉积物，从而扩大天然孔隙，增加烃类流量。酸压是将高压酸液泵入油气井中，产生物理裂缝，同时溶解沉积物，形成允许烃类流动的通道。酸洗过程中，利用酸液清除井筒和管道中的碳酸钙、锈迹等杂质。通常利用盐酸混合物实施酸洗作业。

5.2.2 水力压裂

压裂，或称水力压裂，是指利用高压压裂液冲击岩石，使岩石破碎并形成裂缝的过程。压裂液属于混合物，包含大约 90% 的水、9.5% 的硅砂和 0.5% 的添加剂。每次压裂作业会消耗数百万加仑的水。可利用液态氮或液态二氧化碳代替水。可利用砂砾作为支撑剂，确保在消除泵送压力后裂缝仍然处于打开状态，以便烃类流动。可用陶瓷珠、氧化铝颗粒或树脂包覆的砂砾代替砂砾。

压裂液中的添加剂具有多种作用。降阻剂（如聚丙烯酰胺）可降低流体与管道之间的摩擦，凝胶剂可增加流体稠度，确保砂砾处于悬浮状态。还有杀菌剂、防腐剂等。压裂液添加剂及其作用参见表 5.1。压裂液的具体配方因油气藏而异，可改变添加剂的浓度及组成类型。

表 5.1 压裂液添加剂及其作用

添加剂	作用	常见成分
酸类	溶解矿物质并在岩石中形成裂缝；清除井筒附近区域内的钻井液损伤部位	盐酸、氢氯酸
减摩剂（滑水减摩剂）	降低管道与流体之间的摩擦，使压裂液能够以更高的速率泵送至目标区域，同时降低压力	聚丙烯酰胺、甲醇、乙二醇
抗微生物剂	防止微生物生长，减少裂缝的生物污垢	戊二醛碳酸酯、季铵盐
表面活性剂	增加压裂液的黏度，确保砂砾处于悬浮状态	异丙醇
凝胶	增加压裂液的黏度，确保砂砾处于悬浮状态	羟乙基纤维素、豆蔻胶、甲醇、乙二醇
交联剂	随着温度的升高，保持恒定的流体黏度	硼酸钠、硼酸
破胶剂	通过延缓凝胶聚合物链的分解作用，降低流体黏度	过硫酸铵
稳定剂	防止金属管道出现腐蚀	氧气清除剂，例如亚硫酸氢铵
凝胶稳定剂	降低热分解效应	硫代硫酸钠
阻垢剂	防止管道中污垢积聚	乙二醇、无机磷酸盐

添加剂	作用	常见成分
缓蚀剂	降低管道腐蚀程度	N，N-二甲基甲酰胺、异丙醇、甲醇
铁控制剂	防止金属氧化物产生沉淀	柠檬酸、乙酸、醋酸
降滤失剂	防止流体损失并增加流体效率	柴油、砂砾
缓冲液	保持恒定的水力压裂液 pH 值，确保所有添加剂的有效性	碳酸钠、乙酸

水力压裂作业用于裸眼和套管射孔段，也可用于渗透率非常低的油气藏，如致密气藏、页岩层和低渗煤层等，依靠水力压裂可将产量提高 30 倍。水平井压裂技术突破，引领了美国的页岩革命，首次实现了页岩油气的经济化开采。图 5.1 显示了美国各种来源的天然气产量（包括页岩气）。2004 年至 2020 年期间，页岩油气产量增加了 60%，超过了非页岩储集层的产量。

页岩革命使得我们能够直接从页岩烃源岩中提取石油和天然气。使用水力压裂技术在岩石中制造裂缝，再通过水平井高效地开采出具备经济价值的烃类资源。具体操作包括在油气井水平段实施射孔，随后将压裂液经由射孔泵入岩石内部。通常使用多级压裂制造裂缝，即沿井筒在多个阶段制造均匀间隔的裂缝，以增加井筒与油气藏的接触表面积。水力压裂设计需考虑

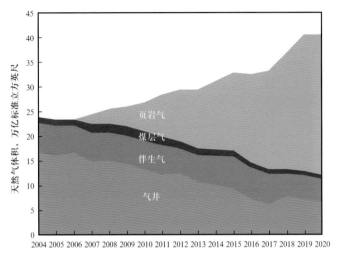

图 5.1　按来源划分的美国天然气年产量

（据：天然气总开采量和产量，美国能源信息署，https：//www.eia.gov/dnav/ng/ng_prod_sum_dc_nus_mmcf_a.htm）

岩石类型、油气藏深度和温度，并且通过数值模拟计算出拟建裂缝的预期尺寸。

　　水力压裂过程如图 5.2 所示。首先，配置压裂液混合物，然后以高压将其注入油气井中，以在储层岩石中形成裂缝。裂缝的宽度约为毫米级，裂缝的延伸范围可达数十或数百米，取决于具体的岩石情况。

　　从水平井的侧向部分末端（也称为"趾部"）开始执行压裂作业，然后逐阶段向垂直井段回退。水平井的压裂通常分为 10～15 段，具体取决于水平段的长度。垂直井的压裂作业大约需要耗费 1 天的时间，每口水平井的压裂作业可能需要耗费 3～4 天的时间。

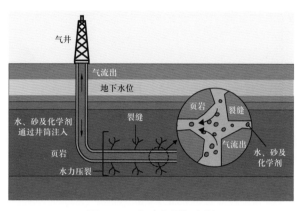

图 5.2　水力压裂过程

完成水力压裂后，移除水力压裂设备并替换为开采设备。烃类可通过开采设备从油气藏流向油气井和地表。除烃类外，压裂作业中的流体也会从油气井流出，这类流体称之为返排液。返排液可能需要数天时间才能完全从油气藏中被排出。此类返排液可重复利用，或按照政府法规进行处理。

5.3　防砂措施

油气开采过程中，采出烃类物质时，有时也会产出砂砾。当油气藏是由松散或胶结不良的砂岩组成的疏松油气藏时，出砂现象极为普遍。开采过程中的侵蚀或高压也可能引起这一现象，增加产水量或注入量也会导致出砂量增加。

由于砂砾会侵蚀或堵塞油管和套管，损坏井下或地表仪器，因此在生产过程中需要控制油气井出砂。此外，砂砾还会在油气藏中形成空隙，导致地层下沉或套管坍塌。然而，控制砂砾的采出量也会降低油气井的产量，因此需要在保护油气井和油气藏及确保烃类产能不受影响之间寻找平衡。

防砂措施主要包括三种类型：砾石充填、压裂充填和化学固结。详见下述内容。

5.3.1 砾石充填

砾石充填可发挥过滤器作用，防止砂砾流入油气井。在油气井中安装钢筛管或割缝衬管，如图 5.3 所示，向油气井的环空填充特定尺寸的砾石，以防地层砂砾流过环空。滤网可将砾石固定在原位。砾石充填过程中，通常使用 1000～20000lb（磅）❶ 的砂砾。应限制泵送压力，以防油气藏出现压裂情况。

5.3.2 压裂充填

压裂充填指同时进行压裂和砾石充填，形成宽而长的裂缝。砾石充填操作可防止支撑剂回流至井筒内部和地表。砾石充填和支撑剂共同形成有效的防砂屏障，防止产生砂砾。压裂充填过程中，会使用 50000～250000lb 的砂砾。增加泵送压力，使其高于油气藏的压裂压力。

---

❶ 1t=2204lb。

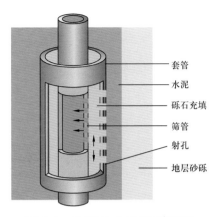

图 5.3　套管井中的砾石充填

5.3.3　化学固结

当油气井与油气藏之间存在高压差，或者产水量较高时，可对其他防砂方法效果不佳的地方进行固结。化学固结是通过化学药剂将砂砾固定在油气藏中，而不是通过机械方法在井筒中过滤砂砾。首先，将石英等固体颗粒与黏结剂（树脂或水泥等）、孔隙保持剂（轻质油等）混合，然后将混合物注入套管外部，投放至出砂层。这种方法可使砂砾固结起来，防止出砂。不过值得注意的是，化学固结只能用于厚度不超过16ft 的单层。

5.4　完井成本

完井成本通常包括压裂材料和设备成本及防砂

成本。如图 5.4 所示，完井成本占陆上井总成本的 55%～70%。表 5.2 给出了典型陆上水平井的平均成本，包括钻井和完井的总成本（约 750 万美元）。影响总成本的因素包括油气藏位置、油气藏深度、完井类型、压裂作业设计和水平段长度。海上油气井的成本占比与陆上井类似。

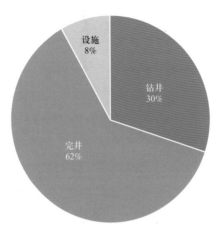

图 5.4　油气井平均成本细目

（据：美国石油和天然气上游成本趋势，美国能源信息署，2016 年 3 月，https：//www.eia.gov/analysis/studies/drilling/pdf/upstream.pdf）

表 5.2　陆上钻井和完井相关成本

类别	成本	成本占比，%
钻井		
钻机费用和钻井液	128 万美元	17
套管和水泥	98 万美元	13

续表

类别	成本	成本占比，%
完井		
水力压裂设备	195 万美元	26
完井液和返排液处理	143 万美元	19
支撑剂	128 万美元	17
设施		
分离设备	60 万美元	8
总计	752 万美元	

钻井成本介于 180 万美元到 260 万美元之间，包括钻机租赁、钻井液、套管、衬管和水泥。完井成本包括水、添加剂、支撑剂、压裂人员、井口设备、完井油管和衬管，以及泵送设备租赁费用。完井成本介于 290 万美元到 560 万美元之间。较长的分支钻井需要更高强度的压裂作业，需要更多的分离器、道路、蒸发坑和流线的费用。完井结束后，移除相关设备，同时安装开采设备，从而增加完井成本。设施成本占总油气井成本的 2%～8%，通常为数十万美元。包括利用泵机或压缩机将烃类输送到集油管线采出石油和天然气。由油气开采工程师负责正在开采的油气井。

06 油气田开发工程

油气田开发优化通过日常作业管理实现油气田收入最大化。为实现这一目标，需尽可能降低运营成本并确保油气田开发活动的持续性。鉴于油气井生命周期可长达 30 年，油气井产能边界改善能够带来效益的显著提升。油气开发工程师如同油气井的医生，专注于修复停产及产能下降的井。他们的职责包括生产优化、井与油藏的监测、维护、修井，以及在井寿命终结时进行油气井封堵与退役工作。

6.1　油气井优化和油气藏监测

通过将油气井实际生产数据与油气藏工程师的预测结果进行拟合，根据拟合结果对油气井性能进行评估。建立监测系统以实时反馈生产数据，一旦产量未达预期，油气开发工程师通过分析油气井数据，查明原因并制订恢复产量的最佳策略。

修井方案由油气开发工程师与油气藏工程师共同制订。油气藏工程师将评估井内剩余油气量，并进行经济分析，以判断修井作业是否能带来利润。进行油气井测试有助于确定性能下降的原因。在某些情况下，通过调整或优化井设备（如泵机）、修理故障点以实现产量递增，从而在油气井的生命周期内创造显著利润。因此，油气开发工程师应持续优化生产系统，以最大化油气井产量。

6.2 井筒干预

井筒干预旨在延长油气井的使用寿命或恢复产量，涉及修复与维护作业。随着时间推移，油管腐蚀、污垢、石蜡或其他蜡状物沉积，可能造成井下设备故障或井内积水等问题，从而影响井性能，此时需要油气开采工程师介入修复与维护。通常，油气开发工程师会与油气藏工程师合作，评估干预成本与剩余油气价值，确保干预后仍能盈利。

干预分为轻度干预与重度干预两种。轻度干预在不停产状态下进行，通过向油气井中下入钢丝、连续油管或电缆等，以最大限度减少油气井堵塞。钢丝为单股，电缆为编织结构，而连续油管则是直径介于1～3.25in 的柔韧金属管。此方法特别适用于井下设备的更换或调整，如阀门，并能有效收集井下数据，如流速、温度和井下压力等。

重度干预，亦称修井，目标井停产后使用修井机拆解井口，以进行修复与维护。重度干预常用于无法经轻度手段取出的油管或设备。重度干预还涉及产油区的堵井与废弃井操作，以便在次要区域进行油气井开采。此过程称为重新完井，旨在先前未开采的新区域实施完井作业。

人工举升通过降低井底压力来提升油气产量，方法包括在井底安置泵机或采用气举技术，即从地表注入气体以降低油管内油气藏流体的密度。柱塞举升是一种人工举升技术，通过自由活塞在油气井管道内的上下运动实现，这一过程中，活塞上下部形成机械密封。活塞在油气井中的上下运动不仅有助于控制气体产量，还有助于刮除原始的物垢和石蜡沉积物，将其提升到地表上。通过人工举升清除油气藏中的液体可降低气井产量，同时提高气体流速。

6.3   海上生产平台

第一座海上钻井平台建于 20 世纪 40 年代，位于深度不到 30ft 的水域，通过管道连接至陆地。如今，海上钻井平台可在深达 10000ft 的水域中开采石油和天然气。水深超过 1300ft 时，可使用浮式平台，而在此类深度下建造固定钻井平台的成本通常较高。

图 6.1 展示了海上生产平台的不同组成部分。钻井甲板和包含开采设备的平台位于海平面以上。钻井甲板属于多层结构，包含设备和生活区。钻井甲板下

方为由钢管制成的垂直架构，即导管架。导管架为整个结构物提供稳定性和支撑，并保护内部管道和设备。钢管桩穿过支撑桁架，将平台固定在海底数百英尺处。在海底完成油气井钻井，采用定向钻井技术可以通过单个平台钻井并开采多口油气井。

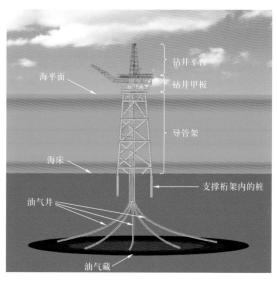

图 6.1　海上生产平台的组成部分

（据：地质能源管理海上平台，加利福尼亚州环境保护部，https：//www.conservation.ca.gov/calgem/picture_a_well/Pages/offshore_platform.aspx）

　　图 6.2 展示了不同类型的海上生产平台。浮式海上采油气系统属于永久性系统，但在深水中属于浮动的开采结构。其中一种浮式系统为浮式生产储油（FPSO）系统，用于海上油气开采和储存作业。由一艘大型船构成，通过绳索系泊，由穿梭油轮定期卸载

烃类物质然后将其运送到岸上。

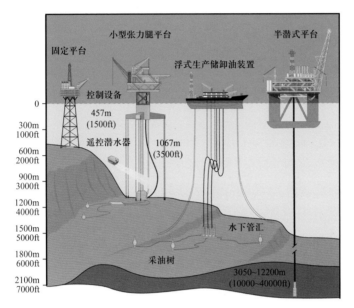

图 6.2　海上生产平台

（据：海上钻井平台，大英百科全书，https : //www.britannica.com/
technology/petroleum-production/Deep-and-ultradeep-water#/
media/1/1357080/252533）

　　张力腿平台（TLP）用于深度达 5000ft 的水域。
该平台由浮筒状钢柱组成，充填空气，通过所连接的
缆绳进行调整，确保水面上的结构物处于无重力状态。
　　浮动式油气平台可用于深度达到 7500ft 的水域。
将平台系泊在海床上，并在底部加上配重以保持竖直
方向。浮动式油气平台可水平移动并定位到远离主平
台位置的油气井上方。

半潜式平台可用于深度达到 5000ft 的水域。使用拖船和驳船运输部分平台，而其他一些平台则具备自航能力。配有浸没的钻柱，可使钻井设备更加稳定，减少滚动和摇晃。

除大型平台外，海底平台也可用于海上油气开采。海底完井系统为带有防水设备和加工设施的钢框架。设备的组成部分包括压缩机、泵机和分离器。将其放置在海底并相互连接，形成大型开采装置。海底完井系统部署在海洋的深水区或超深水区。

由于海底设备比其他海上平台更接近烃源，油气的分离和加工流程更为简单和高效。然后将加工后的流体运送至陆地或海上平台。通过这种方式，多口油气井可连接到同一平台，从而降低开采成本，提高采油效率。

6.4 堵井和弃井

油气井可持续开采石油和天然气的年限取决于油气藏的类型，平均经济年限一般为 15～30 年。当油气井到达其生命周期终点时，必须进行堵井和废弃井（P&A）操作，以防止井内流体污染地下水或地表。对于无法开采的干井，也需进行适当的 P&A 作业。P&A 作业包括在油气井套管内注入水泥，移除井口设备，在不同深度处用水泥封堵井筒，以阻止油气藏流体进入井筒。堵井和废弃井的具体要求受相关国家法律法规约束。

同时，还需开展井周的生物修复工作，以尽可能将井位周围的环境恢复到初始状态。可利用微生物消化烃类污染物，在宾夕法尼亚州，有时会将沉积物和钻井岩屑与水泥混合制成砖块。执行海上油气井退役作业时，需封堵平台支撑的所有油气井，并切断油气井套管。拆除平台并将其运至陆地进行翻新和再利用。对于所在水域水深超过 100ft 的平台，移除所有可用设备，以备后用。拆除原地的平台或在拆除后送至新位置。然后沉入海底。沉入海底的废弃平台可成为各种海洋生物的栖息地，如珊瑚、海绵动物和石斑鱼等。

6.5　运营成本

油气开采成本涵盖固定租赁成本、可变运营成本、堵井和废弃井（P&A）、退役成本。这些成本受油气井类型、位置、产量、性能及使用寿命影响。固定租赁成本，即租赁运营费用（LOE），涉及维护、人工举升及井筒干预等费用。其产生与油气藏类型相关，并随产量和井深增加而上升，通常以美元 / 原油当量桶（BOE）计。

陆上井的典型租赁运营费用在 20 年间介于 100 万～350 万美元。其租赁运营费用介于 2～14.50 美元 /

原油当量桶（含水处理费）。水处理费每桶为 1～8 美元不等。在巴肯页岩区，人工举升成本通常超过租赁运营费用的 50%，而泵送和压缩成本仅占 2%。巴肯页岩区的租赁运营费用如图 6.3 所示。

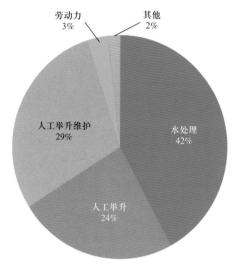

图 6.3 巴肯页岩区租赁运营费用的典型分布

可变运营成本涉及石油和天然气的集输、加工及压缩，其金额随交付量波动，以美元 / 千立方英尺（$/MCF）或美元 / 桶（$/bbl）计，具体视烃类物质而定。相关成本细节请查阅第 7 章。

陆上井的典型堵井和弃井成本大约为 100 万美元，具体金额会根据油气井类型（垂直井或水平井）和井深等因素有所变化。海上运营成本属于可变成本，主要涉及平台运营、维护及将石油和天然气输送至购买点的费用，这些成本会因水深、设施规模及与海岸的距离而异。半潜式平台的运营成本最高，其80年生命周期内的总成本约为90亿美元，固定租赁成本为17美元/原油当量桶。相比之下，张力腿平台的运营成本较低，相同周期内约为21亿美元，固定租赁成本为10美元/原油当量桶。海上钻井平台的生命周期成本详见表6.1。设备可回收的半潜式平台的退役成本可能高达3000万美元，而直接倾覆在井位形成海洋栖息地的浮动式平台，其退役成本约为1500万美元。

表 6.1 假设生命周期约为 80 年的海上钻井平台的总运营成本

海上钻井平台	生命周期运营成本 百万美元	生命周期运营成本 美元/原油当量桶
半潜式平台	9000	17
浮动式平台	2500	9
张力腿平台	2100	10
水下平台	500	8

（据：美国石油和天然气上游成本趋势，美国能源信息署，2016 年 3 月，https：//www.eia.gov/analysis/studies/drilling/pdf/upstream.pdf）

07 设备工程

设备工程师负责施工工艺、设施及设备的设计，以实现采出油气的精确测量、控制与提纯工作。通过对石油和天然气进行处理，去除砂砾、二氧化碳和水等杂质。在满足下游买家要求的同时，也可避免运输过程中油气对管道的腐蚀。此外，设备工程师还承担设施与设备的运营、维护及修理工作。他们的职责与中游石油和天然气工程紧密相关，涉及将石油和天然气从分离设施输送至下游客户。

7.1 什么是设备工程?

完井后，设备工程师负责设计井口及集输站的相关设备，以将油气与杂质分离。集输系统由连接多口油气井的管道构成，将石油输送至集输站。集输站配备有大型管道、储存设施、压缩站、加工设施或交付点。通过压缩提升压力，可最大化天然气产量并为管道中的天然气提供动力。

石油开采过程中会伴随水和砂砾及天然气、二氧化碳和硫化氢等气体的产出。在使用管道输送石油天然气的过程中，二氧化碳和硫化氢等杂质溶于水后，会对管道进行酸化腐蚀，损伤管道完整性。因此，通过分离操作将天然气与二氧化碳、硫化氢和水蒸气等杂质分离，至关重要。由此可见，设备工程是石油和天然气工程的核心环节之一，设备工程师通过合理的设备选择及设计，以确保分离出的石油和天然气达到下游客户的规范要求。

　　油气提纯需分为以下几个阶段，首先去除砂砾等固体组分，随后依次进行液体分离、气体分离。井口的分离过程可通过燃烧气态烃类或利用太阳能电池板实现。陆上和海上作业均需要使用相关设施。杂质的类型和浓度决定了所需的设施类型。原油、天然气和水完成分离后，将气体送往气体处理装置，分离不同的气体及气体杂质。将原油送至炼化厂，分离成不同的产品，然后出售。水经过处理后送入或注入注水井中。具体过程如图 7.1 所示。

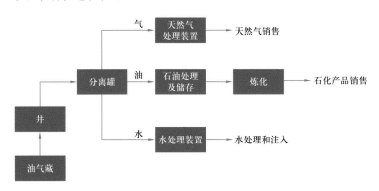

图 7.1　从油气藏至销售的石油和天然气生产

7.2　中游

顾名思义，石油和天然气中游业务是介于上游与下游之间，专注于石油和天然气的储存、销售及运输，涵盖管道和油轮运输的业务。此外，该领域还提供石油产品混合与添加剂注入等关键服务。

7.3　成本

成本分为三大类：集输成本、处理和运输成本、水处理成本，一般性及管理性成本（G&A 成本）。

集输成本、处理和运输成本由中游供应商制定，包含了烃类输送至销售点过程中所产生的费用。干燥气加工需求最少，成本最低，为 0.35 美元 / 千立方英尺。湿气是指包含天然气凝液（NGL）、油层伴生气在内的需加工、分馏和运输的天然气，其采集和加工费用通常在 0.65～1.30 美元 / 千立方英尺。天然气凝液的分馏费用为 2～4 美元 / 桶，运输费用则为 2.2～9.78 美元 / 桶。

石油和凝析油通过集输管线或卡车运输，管线运输费用为 0.25～1.50 美元 / 桶，卡车运输费用为 2.00～3.50 美元 / 桶。石油通过管道或铁路运输至炼化厂的费用差异为 2.20～13.00 美元 / 桶。

　　油气井钻探初期的回流水处理费用属于资本支出，30～45天后转为运营支出。注入水处理井、卡车运输和回收等地层水和剩余回流水的处理费用为1～8美元/桶。随着水油比或水气比的增加，水处理费用亦随之上升。

　　运营费用中还包含G&A费用，通常在1～4美元/原油当量桶。

08   石油炼化

炼化过程是石油和天然气行业的下游环节。上游开采的原油通过中游的管道等运输设施被送往下游的炼化厂。炼化的目的是从原油中提取燃料和化学品原料。如第 1 章所述，石油炼化产品广泛应用于材料、供暖、电力、燃料和石化等领域。

8.1　气体加工

气体加工与石油炼化相似，涉及处理包含甲烷和天然气凝液（NGL）的混合物。这些混合物源自气井或油气井，后者中发现的天然气称为伴生气，既可独立存在，也可溶于原油。除了烃类气体，混合物还可能含有水蒸气、硫化氢和二氧化碳等杂质。原始混合物从上游输送至气体分馏装置，通过加热和冷却过程，分离出乙烷、丙烷、丁烷、异丁烷及较重气体，具体流程如图 8.1 所示。

通过胺液脱硫（甜化）过程去除硫化氢和二氧化碳，详见第 8.4 节。通过低温膨胀法从甲烷或天然气中分离出天然气凝液——将混合物温度迅速降

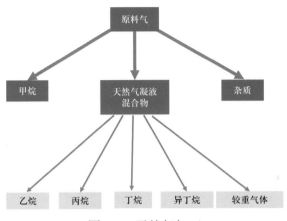

图 8.1 天然气加工

至 −120°F❶，此时凝液凝结，而甲烷仍保持气态。根据沸点的不同，可使用分馏法逐步分离天然气凝液混合物中的各组分。

天然气本身无味，为便于泄漏检测，添加了具有腐烂鸡蛋气味的甲基硫醇。

8.2 炼化过程

炼化过程分为三种基本类别：分离、转化和处理——通过加热分离原油组分，然后将其转化为更有价值的产品，并处理去除硫等杂质。

---

❶ ℃ =（℉−32）/1.8。

8.2.1 分离

在蒸馏塔中，通过加热原油进行分离或蒸馏，塔底温度可达 800°F，塔顶则低至 300°F。常压蒸馏在低温下进行，减压蒸馏则往往在高温下进行。原油由不同碳链长度的烃类混合而成，不同组分的沸点随碳链增长而升高。根据沸点不同，通过设置不同温度将各种组分（馏分）从原油中分馏出来，如图 8.2 所示。甲烷、乙烷和丙烷可作为炼化厂的燃料气或直接燃烧。丙烷和丁烷称为液化石油气（LPG），在塔顶收集并加压后出售。轻质馏分如汽油首先在塔顶沸腾，中等重质液体如煤油在塔中部分离，而重质馏分如沥青则沉淀于塔底。

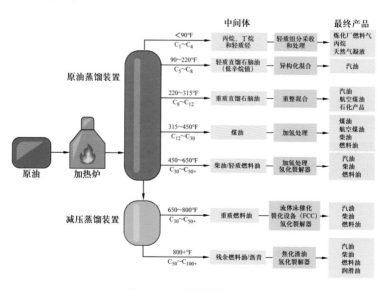

图 8.2 原油炼化产品

8.2.2 转化

分离后，馏分会被进一步加工成各种产品，以确保实现原油转化的利益最大化。例如，轻质直馏石脑油会转化为汽油，而重质直馏石脑油可能会转化为航空煤油。

重整是将石脑油和低辛烷值汽油的分子结构改变为辛烷值更高的汽油的过程。在该过程中，将直链烃转化为支链烃或环状烃。可通过异构化来实现上述操作，即在不添加或移除任何原子的情况下重新进行排列。除高辛烷值分子（如航空煤油和汽油）外，还会产生富氢气体。

裂解也是炼化过程之一，即在一定压力和高温下（高达930°F）将较重的烃类分解为较小、较简单、更有价值的分子。加氢裂化使用氢气和催化剂，而催化裂化则是在流体床催化裂化设备（FCC）使用酸性催化剂中来分解烃类。减压蒸馏装置中的残余油可通过焦化装置完成裂解。裂解会产生汽油、柴油、燃料油和石油焦。石油焦是一种富含碳的固体，可替代煤炭作为燃料使用，亦或用于制作铝和钢材生产过程中的阳极。

8.2.3 处理

通常情况下，为了使炼化产品能够更好地用于混合、裂解或重整等操作，需要通过直接处理或氢化处理法，去除其中的硫及其他杂质。经过上述处理，可以有效提高燃料效率，减少氮氧化物（NO_x）和硫氧化物（SO_x）等燃烧产物的产生。

根据燃料规范的要求对不同组分进行混合，主要参考参数有辛烷值、硫含量和沸点等。辛烷值是衡量烃类在与空气进行压缩时抗自燃性的有效指标。辛烷值越高的燃料性能越好，燃料自燃的概率越低，进而内燃机的效率则越高。

8.3 炼化产品

一桶原油可生产大约 45gal（加仑）❶ 的炼化产品。具体包含：19.4gal 汽油、12.5gal 蒸馏物、4.4gal 航空煤油、1.5gal 液态烃类气体、0.5gal 残余燃料油（图 8.3），剩余为其他产品。根据原油质量及炼厂利润需求不同，上述各组分数值会有所不同。上述各类产品均可通过不同方式转化为日常生活中的其他产品或能源。液化石油气（LPG）往往用于家庭供暖和烹饪，也可为车辆和发电机提供动力；柴油和汽油主要用于驱动车辆；石脑油则可用作生产石化产品的原料；重质燃料油主要用于供暖，也可用于驱动发动机；煤油可用作喷气机等航空燃料；沥青用于铺设道路，而其他残余燃料油可为船舶提供动力。

---

❶ 1gal=3.785L。

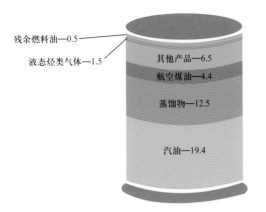

单位为加仑

残余燃料油—0.5

液态烃类气体—1.5

其他产品—6.5

航空煤油—4.4

蒸馏物—12.5

汽油—19.4

图 8.3 一桶典型原油制成的石油产品

（据：石油和石油产品说明，美国能源信息署，https : // www.eia.gov/
energyexplained/oil−and−petroleum−products/）

8.4 炼厂污染

若炼厂因工艺原因或储罐等设备原因发生泄漏事
故，其储存的化学物质会通过设备和管道泄漏和释放
到空气、水或土壤中。

炼化厂所排放温室气体中，二氧化碳（CO_2）占
比最高，通常能达到 98%；其次是甲烷（CH_4），占
2.25%；以及一氧化二氮（N_2O），约占 0.08%。❶ 精
确的气体组成因炼化厂的具体情况而异。随着技术的

---

❶ 降低石油炼化行业温室气体排放量的现有和新兴技术，美国环境保
护署，2010 年，https：// www.epa.gov/sites/default/files/2015−12/documents/
refineries.pdf。

发展，现常通过传感技术对管道和设备进行泄漏检测，来确定是否需要修复和更换，以降低泄漏影响。激光雷达（LiDAR）是常用的泄漏检测技术之一，通过使用对视力无害的激光器对目标进行扫描，并绘制地形或气体浓度图像。根据图像结果对泄漏情况进行检测，并量化泄漏速率。通过将激光雷达技术、红外摄像头等其他传感器技术与无人机结合使用，可进一步降低泄漏检测所需的人力资源。

酸气，或含有高含量硫化合物的气体，是炼化工艺的副产品之一。其成分包括二氧化硫（SO_2）、二氧化碳（CO_2）、硫化氢（H_2S），可能还含有一些烃类。可将酸气输送至胺处理装置，通过胺吸收二氧化硫、二氧化碳和硫化氢，生成低硫气体，也称甜气。

具体过程如图 8.4 所示。酸气进入含有胺液的吸收器。胺液会吸收二氧化碳、硫化氢、二氧化硫等酸性气体，然后成为富胺。将富胺送至再生装置，加热，释放出酸性气体然后收集起来。冷却胺液，将其送回吸收器，循环重复该操作。

炼化厂也会将苯、甲苯、乙苯和二甲苯等其他污染物释放到空气中，这些物质统称为 BTEX 化合物。炼化厂也是颗粒物（PM）、一氧化碳（CO）、氮氧化物（NO_x）等标准空气污染物的来源，其中，氮氧化物与挥发性烃类结合会形成臭氧。

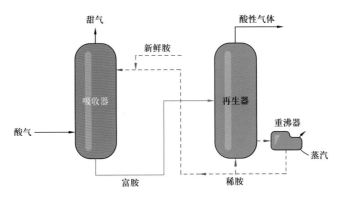

图 8.4 醇胺脱硫化氢装置示意图

　　炼化厂排出的废水可能含有烃类残留物和其他危险废物，有时会通过深层注水进行处理。地表和水体污染可能来自溢油、设备泄漏、炼化过程产生的污泥和弃用催化剂。

缩略语

首字母缩写	含义
bbl	桶
BOE	原油当量桶
CBM	煤层气
CO_2	二氧化碳
EOR	提高采收率
EUR	估算最终可采量
FCC	流体床催化裂化设备
G&A	一般性及管理性
IRR	内部收益率
LiDAR	激光雷达
LNG	液化天然气
LOE	租赁运营费用
LPG	液化石油气
LWD	随钻测井

首字母缩写	含义
MCF	千立方英尺
MWD	随钻测量
NGL	天然气凝液
NPV	净现值
OGIP	原始天然气地质储量
OHIP	原始烃类地质储量
OOIP	原始石油地质储量
OPEC	石油输出国组织
P&A	堵井和废弃井
RF	采收率
SAGD	蒸汽辅助重力泄油法
SEC	美国证券交易委员会
SPR	战略石油储备
STB	标准桶
TLP	张力腿平台
WTI	西得克萨斯中质原油

术语表

<table>
<tr><th>术语</th><th>定义</th></tr>
<tr><td>含水层</td><td>达到水饱和状态的地下岩层</td></tr>
<tr><td>人工举升</td><td>人为地向油井井底增补能量，将油藏中的石油举升至井口的方法</td></tr>
<tr><td>凝析油</td><td>从气流中冷凝出来的烃液，可储存在室温下</td></tr>
<tr><td>原油</td><td>一种液态混合物，是由植物和海洋生物（如藻类和浮游生物）的遗骸在地下形成的烃类</td></tr>
<tr><td>驱动机制</td><td>可将烃类推动至井筒的储层天然能量</td></tr>
<tr><td>燃烧</td><td>在受控条件下燃烧气态烃类物质</td></tr>
<tr><td>水力压裂</td><td>通过高压流体冲击不透水岩石，使岩石破碎并形成裂缝的过程</td></tr>
<tr><td>水平钻井</td><td>先钻探垂直井，接近油气藏时转换为水平钻井的钻井方式</td></tr>
<tr><td>烃类</td><td>由碳和氢组成的天然化合物</td></tr>
</table>

术语	定义
含烃饱和度	储层中烃类流体的百分比
天然气凝液	天然气装置中捕集的凝析油和凝结气态液体的组合物
海上钻井	为开采海床下的油气藏而进行的钻井作业
原始地层烃类储量	启动开采作业前，油气藏中的初始烃类数量
渗透率	为流体流动提供通道的连接孔隙
石油	一种液态混合物，是由植物和海洋生物（如藻类和浮游生物）的遗骸在地下形成的烃类
孔隙度	岩石中能够容纳液体或气体的空隙空间的百分比
采收率	可通过经济方式开采出的原始烃类储量百分比
炼化	将原油分解和转化为可用产品的过程
油气藏	具有足够的孔隙度和渗透性可输送流体的岩体
油气藏工程	处理流体到达、流出或穿过油气藏的工程学科
页岩	由细粉砂、黏土和其他矿物质组成的层状沉积岩
酸气	含有高含量硫化合物的天然气
低硫原油	含硫量低于 1% 的原油
三合一测井	伽马射线测井、电阻率测井和密度—中子测井的组合测井方式
非常规储层	需采用非常规采油作业的储层
测井曲线	属性随井筒深度变化的详细记录

作者介绍

Quinta Nwanosike Warren 博士，化学工程师兼能源专家，不仅荣获了专业工程师资格认证（PE）和项目管理专业认证（PMP），更是能源研究咨询公司（Energy Research Consulting，EngrRC.com）的创始人兼首席执行官。该公司致力于通过提供能源专业知识，赋能非洲的初创企业，专注于开发既可持续又符合特定需求的解决方案，同时兼顾文化和地域特性。

Nwanosike Warren 博士曾在《美国消费者报告》担任领导角色，推动可持续发展政策的实施，并在康菲石油公司担任重油和致密气资产的油藏工程师，同时在二氧化碳捕集研究领域取得了显著成就。她的专业贡献也得到了美国科学促进会（AAAS）的认可，她曾作为会士与美国能源部合作，为国内外的碳管理、发电、电力传输和配电政策做出了卓越的贡献。此外，Nwanosike Warren 博士还曾作为千禧年挑战公司（MCC）的会士，为该致力于国际发展的美国政府机构提供技术能源专业知识，特别是在亚洲和非洲新兴经济体的电力项目开发中，她的工作产生了深远的影响。

她的学术成就同样令人瞩目，拥有乔治亚理工学院化学与生物分子工程博士学位和宾夕法尼亚州立大学化学工程学士学位，这些背景为她在能源领域的专业实践和领导提供了坚实的基础。